世界珍宝之谜

THE MYSTERY OF THE WORLD'S TREASURE

古阶祥 编著

冶金工业出版社

Metallurgical Industry Press

图书在版编目 (CIP) 数据

世界珍宝之谜／古阶祥编著 · － 北京：冶金工业
出版社，2015.1
ISBN 978-7-5024-6649-7

I. ①世 ⋯　II. ①古 ⋯　III. ①宝石－普及读物
IV. ① TS933-49

中国版本图书馆 CIP 数据核字（2014）第 286118 号

出 版 人　谭学余
地　　址　北京市东城区嵩祝院北巷 39 号　邮编 100009　电话 (010)64027926
网　　址　www.cnmip.com.cn　电子信箱 yjcbs@cnmip.com.cn
责任编辑　程志宏　徐银河　美术编辑 文 刀　版式设计 文 刀
责任校对　卿文春　责任印制 牛晓波
ISBN 978-7-5024-6649-7
冶金工业出版社出版发行；各地新华书店经销；北京博海升彩色印刷有限公司印刷
2015 年 1 月第 1 版，2015 年 1 月第 1 次印刷
175mm×215mm；9 印张；158 千字；208 页
38.00 元

冶金工业出版社　投稿电话　(010)64027932　投稿信箱　tougao@cnmip.com.cn
冶金工业出版社营销中心　电话 (010)64044283　传真　(010)64027893
冶金书店　地址　北京市东四西大街 46 号(100010)　电话 (010)65289081（兼传真）
冶金工业出版社天猫旗舰店 yjgy.tmall.com

序

　　珍宝，是指世间一切稀少的，有重大价值的珍贵物品。贵重的金银珠宝和稀世文物都是重要的珍宝。

　　人类认识珠宝，使用珠宝，寻求珠宝已有几千年的历史。在这漫漫的历史长河中，人们使用珠宝的种类越来越多，对珠宝的加工更是巧夺天工。珠宝精品、珍品层出不穷，给人类的文明留下了宝贵的财富。由于金银珠宝既具有收藏价值，又是财富的体现，因此千百年来，人们为了拥有金银珠宝，不知发生过多少可歌可泣的艰辛探索、刀枪血刃的战争、凶残狡诈的劫夺与偷盗，给金银珠宝蒙上了层层神秘的色彩，流传下了一个又一个神奇的故事，也留下了许许多多不解之谜。

　　本人是一名多年从事地质科学教学和科研工作的人员，也是一位珠宝爱好者和研究者，多年前，曾与国内著名珠宝专家合作撰写了《金银珠宝鉴赏辞典》一书，在编写的过程中，除了大量收集有关金银珠宝的科学资料外，也积累了丰富的有关金银珠宝的轶闻、故事和古今中外藏宝的资料。后来，由于研究的需要，又收集到了一些关于被掠夺的以及流失海外的中国珍宝和文物资料。为了充分展示这些珍贵的资料，经过整理编撰，现以《世界珍宝之谜》这一通俗读物的形式出版。本书集趣味性、知识性和史实性于一体，具有很好的可读性，希望受到广大读者的欢迎。

　　汤素仁女士参加了本书珠宝部分的一些章节的编写，古莉小姐为本书的图片做了许多工作。对于她们对本书出版所做出的贡献，作者在此谨表示感谢。

古阶祥

2014 年 9 月

内容导读

　　本书讲述了关于珍奇异宝的故事，不仅具有科普性，而且充满趣味甚至神秘和离奇，但内容真实。本书包括五个部分：1.主要珍宝的历史，趣闻、鉴别特征，世界著名珍品，世界著名王冠。2.名人与珠宝。叙述若干名人与珠宝的情缘及珍藏。3.我国古今珍宝之谜。4.世界珍宝之秘藏及其失踪的种种传奇故事。5.外国列强抢夺我中华珍宝的野蛮行径和珍宝的下落。本书特别适合对珠宝有兴趣，对文物珍宝收藏有意向，喜欢猎奇探秘的读者。

目 录

第 **1** 章　神秘传奇的珠宝故事　001

（一）奇趣无穷的钻石　001

一·钻石谷的故事　003
二·醉厨师发现南非钻石山　003
三·偷钻石奇招　005
四·神秘的卡尔特修道院街 17 号　006
五·世界上最古老的钻石 ——"库希努尔"　007
六·世界上最著名的钻石 ——"希望"　010
七·世界上最大的钻石 ——库里南　012
八·世界上最具挑战性的钻石　015
九·世界十大钻石（原石）　018
十·世界十大名钻（已加工）　021
十一·中国五大著名钻石（原石）　023
十二·世界钻石何处觅？　024

（二）风情万种的珍贵宝石　025

一·红光闪耀的红宝石　025
二·蓝光熠熠的蓝宝石　031
三·碧绿苍翠的祖母绿　035
四·长有眼睛的奇异猫眼　039
五·会变彩的神奇欧泊　041

（三）巧夺天工话美玉 045

一·玉之帝王 —— 翡翠 045
二·让人"神仙不老"的软玉 052
三·神力无比的绿松石 055

（四）如诗如画的玛瑙 057
（五）珠光宝气话名珠 061

第**2**章　世界著名皇冠揽胜 065

一·欧洲最古老最著名的皇冠 065
二·莫诺马赫皇冠 066
三·彼得大帝皇冠 066
四·集各种奇珍异宝的俄国大皇冠 067
五·价值空前的英国王冠。 068
六·集珠宝最多的英国正式王冠 068
七·缀有世界两大名钻的玛丽女王王冠 069
八·镶钻石最多的印度王冠 070
九·布满祖母绿宝石的安第斯王冠 070
十·璀璨艳丽的巴列维王冠 070

第**3**章　黄金漫话 071

一·世界黄金知多少 071
二·狗头金趣闻 073
三·纽约地下金库轶闻 077
四·恐怖的亚利桑那州金矿 080

第 **4** 章　名人与珠宝之情缘　081

一·英国女王珠宝知多少　081
二·前美国第一夫人杰奎琳与珠宝　083
三·影星伊丽莎白·泰勒的珠宝风采　084
四·影星"爱神"的 16 公斤钻石和珠宝　085
五·世界上最奢侈的女人伊梅尔达　086
六·富可敌国的和珅珠宝　089
七·慈禧太后的珠宝情缘　091
八·中国古代的珊瑚富翁石崇　093

第 **5** 章　我国古今珠宝之谜　095

一·我国古代隋珠之谜　095
二·中国古代和氏璧之谜与探秘　097
三·布达拉宫中的珠宝秘闻　103
四·蒋介石带到台湾的财宝知多少　104

第 **6** 章　世界十大宝藏传奇　116

一·特洛伊宝藏　116
二·图特卡蒙陵墓　120
三·英国王室珠宝　122
四·俄罗斯钻石库　126
五·阿托卡夫人号沉船　130
六·罗亚尔港　132
七·西潘王墓室　134
八·霍克森钱币　136
九·赫氏堡　138
十·印度卡拉拉邦古庙黄金宝藏　142

第 **7** 章　世界二十大藏宝之谜 144

一·圣殿骑士团藏宝之谜 144
二·印加黄金藏地之谜 146
三·亚马逊密林中黄金城之谜 148
四·秘鲁地下陵寝藏宝之谜 150
五·"维拉克鲁斯护船队"沉金之谜 152
六·澳大利亚洛豪德岛海盗藏宝之谜 152
七·金银岛藏宝之谜 154
八·"黄金船队"珍宝之谜 155
九·"圣荷西"号沉宝之谜 157
十·路易十六珍宝之谜 158
十一·加拿大钱坑藏宝之谜 159
十二·拿破仑 藏宝之谜 161
十三·"中美洲"号沉宝之谜 162
十四·世界第八奇迹——琥珀厅失踪之谜 163
十五·隆美尔藏宝之谜 165
十六·墨索里尼藏宝之谜 165
十七·希特勒藏宝之谜 166
十八·马尼拉湾银比索之谜 167
十九·山下宝藏之谜 169
二十·中国平潭岛沉宝之谜 170

第 **8** 章　带血的珍宝文物 173

一·英法联军火烧圆明园抢劫珍宝文物知多少 173
二·八国联军抢掠我中华珍宝文物知多少 183
三·侵华日军掠走中国珍宝文物知多少 189
四·流失海外的我国珍宝文物知多少 195

第①章

神秘传奇的珠宝故事

（一）奇趣无穷的钻石

可爱迷人的钻石

　　"钻石"之名来源于希腊语，为"难征服"之意。钻石俗称"金刚钻"，金刚一词，起源于佛经，取义与金有关。《大藏法数》称："跋折罗（梵语），华言金刚，此宝出于金中"。在《起居注》中亦载有"咸宁三年，敦煌上选金刚，生金中，百淘不消，可以切玉，出天竺（印度古称）"。说明古代的钻石，都是从砂金中获取的。

　　钻石是世界上最坚硬的矿物，由于其产出稀少，晶莹剔透，魅力无比，被誉为"宝石之王"，是世界上最珍贵的宝石。自古以来，一直为世人所追求，以占有它为荣，以拥有它为富，甚至将其作为权力和华贵的象征。它镶嵌在国王的权杖、至高无上的王冠上；佩戴在贵妇的胸脯前、时髦女郎的耳珠上；装饰在风度翩翩男士的手指上；陈列在首饰店天鹅绒的衬垫上，以其独有的亮光吸引着世人，以其永久不衰的魅力，显示其高贵无比的价值。

　　识别钻石必须记住三点：一是钻石是世界上最坚硬之物，世间任何物质均不能刻动它；二是它的光泽也是举世无双的；三是它为亲油疏水的物质。它和绝大多数的无色透明的宝石不同，当把一小滴油滴到钻石上时，这油滴不会形成油珠，而是散开的；而把一小滴水滴到钻石上时，这水滴不会散开，而是收敛成水珠状。这小小的窍门，是识别钻石真伪的最简单的方法。

　　人们认为钻石是世上最纯洁无瑕，最珍贵高雅的宝石；认为它会给人们带来高贵的品质，无穷的财富，无限的幸福。人们还把它定为四月诞生石和结婚75周年纪念宝石。

　　千百年来，世间流传着关于钻石的许多美妙动人和神奇的故事。

一 · 钻石谷的故事

古罗马的著名哲学家普林尼写过一篇文章，记述印度钻石谷的故事。文章中说，公元前 350 年，亚历山大王发动了与印度的战争。在战争中，士兵们发现印度有个地方，那里有一条山势非常陡峻险恶、悬崖峭壁、万丈深渊的山谷，他们称为钻石谷。因为这个谷底布满了亮光闪闪的钻石。但是，他们不可能去到谷底，因为那里到处是凶猛的毒蛇。那些毒蛇见人就喷射毒汁，可以把人杀死在数米之外。士兵们把他们的发现报告了大王。聪明的亚历山大王，很快就想了一个办法。他让士兵们取来许多大镜子，让强烈的阳光通过镜面的反射，将那些毒蛇烧死。然后投掷许多新鲜羊肉于谷底之中，这些羊肉接触到钻石，钻石就会被牢牢地粘在上面。过些时日，羊肉腐臭引来群群秃鹰觅食。当秃鹰飞出谷底时，埋伏在山谷周边的士兵就将鹰射杀。亚历山大王就利用这种原始的方法，以杀鹰取石，获得了大量的钻石。

二 · 醉厨师发现南非钻石山

1871 年某天上午，住在南非金伯利的两名老实敦厚的农民德·比尔斯兄弟，把他们经营的农场出售给了"钻石寻找者协会"。这是一个寻找钻石的组织。由于钻石是世界上极为稀有的珍贵宝石，要找到它是非常困难的事。协会的成员们，因为经过长期艰辛和努力，始终没发现钻石，因而个个都失望至极，常常会借酒消愁，喝得酩酊大醉，以释心中的烦恼。就是这天晚上，他们一伙人又故伎重演，个个都喝得面红耳赤，东倒西歪。一个叫戴蒙的厨师，不胜酒力，他的雇主厌烦他酒后大

美丽的形形色色的钻石　　　　　　　　金伯利钻石矿坑

吵大闹，便打发他到邻近的一座小山丘上去醒酒。谁知，第二天早上他跌跌撞撞地回来时，仍处在半醉半醒之中，手里却塞满了人们梦寐以求的闪闪发光的钻石。协会的成员们看到此情景，顿时目瞪口呆。这些踏破铁鞋无处觅的宝贝却被醉汉胡抓瞎捡地弄回来了。真是奇迹呀！

消息很快就传开了，金伯利发现了钻石。人们像潮水般涌向这座小山丘，不久便将它夷为平地，继而向纵深发展，直至挖到 1000 米的深坑。这里很快就成了世界知名的钻石矿山，人们把含有钻石的岩石称为金伯利岩。从此，世界许多国家，开始以金伯利岩作为寻找钻石矿的岩石，掀起了寻找钻石矿的热潮。以德·比尔斯命名的小公司，很快就发了财，从小公司发展成大公司，继而这家公司一发而不可收，成为现在世界上最大的钻石公司。

三·偷钻石奇招

　　非洲西南部的纳米比亚，有一座举世闻名的钻石矿。这个矿山的名字很奇特，叫作"钻石荒漠"。美丽的钻石，无时无刻不在诱惑人们去攫取它，占有它。这里的钻石矿当局，为了防止人们偷走钻石，设置了极其严格和周密的安全检查措施，使企图偷窃钻石者，不能得逞。

　　据说有一个欧洲裔的矿工，在周末离开矿山外出度假时，将窃得的钻石藏在橡皮糖里，在经过检查站时，他乘人不注意把橡皮糖粘在检查站的办公桌的边缘下，保安人员对他搜身检查，没有发现可疑之物，准其离矿。第二天，他再请假离矿，经检查之后，他故意找保安人员的茬儿，大发雷霆地喊道："上周你为什么总跟我这个奉公守法的老实人过不去？"他火冒三丈拍桌打椅，趁着吵闹之机，顺势快速地从桌缘下取出昨天粘在那里的橡皮糖。可是，这一举动，还是没有逃脱警卫人员的火眼金睛，这个"老实人"只得无奈地交出了橡皮糖，狼狈而逃。

　　据说又有一个矿工，在矿区工作了好多年，他把一次次偷来的钻石，秘密地藏在只有他自己才知道的地窖里，他打算有一天用自制的土火箭将钻石发射到矿区围栏之外去。经过长期的策划，一切准备就绪，他满怀喜悦，点燃了火箭的导火线。不巧的是，火箭没按他的意愿正常发射出去，而是意外地爆炸了，钻石被散落在矿区周围无法找到。

　　又有一个在钻石矿干了许多年的人，他在海滨的岩石缝里积藏了大量偷来的钻石。他认为，这些钻石足以使他一夜之间成为富翁，就辞掉了钻石矿区的工作。几个月后，他租了一架小飞机，降落在无人的海滩上，准备把他积攒多年的宝藏运走。

他熟练而敏捷地挖出了他埋藏的钻石，并很快装上了飞机。正要起飞时，不幸的事发生了。飞机的前轮陷入了沙滩，更不幸的是，此时，保安人员突然出现了，他只好弃机而逃，这真叫偷钻不成蚀架机。

最有趣的一个故事，是说一个在钻石矿区工作叫奥万博旅的土著人，他曾将一把故意弄坏的吉他寄回家去让妻子修理。他的妻子托人修好后，又把吉他寄回来了。当检查人员检查时，发现五颗未加工的钻石用橡皮膏粘在吉他里边。这个奥万博旅气得破口大骂：真是蠢到极点的女人，她不该把修好的吉他再寄回来呀！

四·神秘的卡尔特修道院街 17 号

据说，伦敦国际机场，每隔五个星期必有一批神秘人物风雨无阻地从世界各地降临这里。他们有的身着非洲的"布布"袍，有的穿着东方人的皮里长袍，有的缠裹着印度妇女的纱丽，还有的着一身不起眼的西装。他们或来自金沙萨、特拉维夫、班吉，或来自孟买，或来自纽约。但所有的人都乘车朝着一个方向—— 市中心塞伏龙山的山顶，卡尔特修道院街 17 号。别以为这些人到这里是来朝圣的，不，这里不是修道院，建筑物门口的三个英文缩写"CSO"告诉人们，这是世界钻石市场的交易所，"中央销售组织"所在地。

这是一幢巍峨而神秘的建筑，所有的窗户都用铁栅栏加固而且都紧闭着。唯一供出入的大门用整段巨木镂成，门扇加装了厚厚的铁皮，仅留了一些菱形的洞眼，可以窥视深藏不测的内面。来自世界各地的"朝圣者"在这严实厚重的大门开门之前，他们必须井然有序地在门前排好队，在大门打开之后，有序地把带有磁性的证件插入验证器中，并排出此间专用的密码后方可入内。

目前，几乎全世界的钻石都集中在这里进行交易，漏掉的只是被盗窃或散落在黑市的零星颗粒。这里从不标出钻石的价格、等级，甚至不标税率，钻石价格是钻石商随意定的。在这儿，钻石事先被分成一份一份的。顾客只粗略地"浏览"一下，便必须决定对其中某一份是全部买下还是全部放弃。如果发现其中似乎夹杂着几颗石子，而要进行挑选，那是绝对禁止的。讨价还价也是很难的，在议价双方有分歧时，便请双方均可接受的调解人调解，如仍难以成交，CSO 宁可放弃这笔交易，待国际市场价格看好时，再抛售出去。

五 · 世界上最古老的钻石 ——"库希努尔"

世界上的名钻和大钻多达近两千颗，在这众多者之中，哪颗钻石的资历最深，资格最老呢？据国外有关文献记载，世界上最古老的钻石叫"库希努尔"，是 13 世纪初在印度的一座古城 ——戈尔康达郊区发现的。原石重达 800 克拉，为无色透明、晶莹无瑕的罕见大钻石。这颗稀世瑰宝的"出世"也和其他瑰宝一样，并没有给世界带来福音。统治者之间为了这颗钻石，不惜戎马枪剑，烽烽火火争夺了长达五个世纪之久。相传，"库希努尔"最初为印度一个土王所有，后被蒙兀儿王抢走，长达两个多世纪。1739 年，波斯皇帝纳狄尔沙赫入侵印度，攻占印度首府德里，屯兵两个月。为了夺取这颗闻名遐迩的钻石，他下令部属，大肆抢劫，逮捕市民，严刑拷问，千方百计搜寻这颗钻石的下落。有一天，关于"库希努尔"的秘密终于被披露，一个皇室的老妪向他告密说，"钻石"并没有藏在鲜为人知的宝库里，而是日夜跟随印度皇帝，就藏在皇帝的缠头巾中。纳狄尔沙赫为了兵不血刃而夺取这颗钻石，经过周密思考，设下了一个妙计。他借机举行一次盛大的庆典大会，特邀请印度皇帝参加，按照印度人的习俗，出席盛典必须戴上显示身份的头巾，因此他料定印度皇帝一定会把藏有"钻石"的头巾戴在头上。他自己也戴了一条别致的缠头巾。在庆典会上，纳狄尔沙赫不断向印度皇帝敬酒献媚，巧言奉承，当庆典宴会进入高潮时，他以亲善友好为由，建议与印度皇帝交换缠头巾，表示与印度国长期友好下去。印度皇帝明知其中有诈，不免暗中叫苦不迭，又无良策，只得照办。纳狄尔沙赫换过缠头巾后，借故迅速离开众人，急不可待地打开缠头巾，当他发现他梦寐以求的"库希努尔"时，竟得意忘形地举起双拳大叫起来："我得到了一座光明的大山啦！"。

然而这颗钻石并没有给他带来光明和好运。他拥有这一宝物还不到十年，1747年，贵族阿夫汉·阿马德阿贝德尔夺取王位，派人暗杀了纳狄尔沙赫，而"库希努尔"却被纳狄尔沙赫的儿子收藏。他的儿子又因为占有这颗钻石而厄运缠身，受尽了威胁与磨难，最后竟为此而丧生。阿夫汉·阿马德阿贝德尔夺走了"库希努尔"和其他王室珠宝之后，攻占了坎大哈城，统治了阿富汗。后来，这颗钻石又落入锡克教徒手中而销声匿迹。直到1849年，在英国并吞印度的旁遮普战争中，英国总督戴胥勋爵在旁遮普首府的一堆珠宝中才又重新发现了"库希努尔"。这时的"库希努尔"已被琢磨为重191克拉的玫瑰型钻石。英国总督为了取得女王的恩宠，把它献给了维多利亚女王。女王得到这颗钻石之后，爱不释手，因原加工不够美观，故下令将这颗钻石再行加工琢磨。1852年，这颗重191克拉的玫瑰型钻石改制成重108.93克拉的椭圆形钻石，并命名为"光明之山"，当时价值四万英镑。维多利亚女王之后，"光明之山"由她的女儿卡桑德拉公主继承。1902年，卡桑德拉公主在英王爱德华

光明之山

七世的加冕典礼上佩戴了这颗钻石。1911 年，玛丽女王将这一颗钻石镶嵌在王冠上。
1937 年，在英王乔治六世的加冕典礼上，伊丽莎白女王戴上了这顶富丽堂皇的王冠。
这顶王冠现被称为"母后王冠"，这颗最古老的钻石就在这顶王冠上闪闪发光，以
炫耀它的珍奇与华贵。

六·世界上最著名的钻石 ——"希望"

　　"希望"钻石是世界上最著名的钻石，但发生在它身上的悲惨历史和拥有者的坎坷经历，则使人却步。相传，这颗钻石于 1642 年在印度的克拉矿山发现，原石重 112.5 旧克拉。发现后不久，就被法国探险家兼珠宝商塔维密尔所获。塔维密尔将钻石带回法国并献给了法王路易十四。路易十四得到这颗钻石之后，欣喜若狂，赏给塔维密尔大笔钱财，并请人加工成一颗心形钻石，重 69.03 克拉，被称为"王冠上的蓝宝石"。这颗钻石路易十四仅戴了一次，不久就患天花死去。继位的法王路易十五成了钻石的新主人，他发誓不戴这颗钻石，但却借给了他的情妇佩戴，其情妇

希望钻石

在法国大革命中则遭丧身之祸。之后，由路易十六和玛丽安东尼王后继承。1789 年，法国爆发资产阶级大革命，路易十六夫妇被送上了断头台。这颗钻石和其他王室珍宝一起被政府封存。1792 年，"希望"钻石被盗，几乎销声匿迹了 40 年之后，直到 1830 年才又在英国伦敦重新出现，此时已改头换面，经重新琢磨一次，重量减至 45.52 克拉，由英国银行家亨利·霍普（HOPE）以九万英镑的高价买下，并以新主人的姓氏命名。由于英文"HOPE"是希望之意，故又名为"希望"钻石。其继承人弗朗西斯·霍普破产后，"希望"钻石流入东欧，被一位王子买下并赠送给一名女演员。几年后，这位王子与女演员不和，女演员被王子开枪打死。之后，这颗钻石一度为一名希腊富商所有，但不久这位富商在一次可怕的撞车事故中丧身。"希望"钻石转而落入土耳其苏丹哈米德二世手中。可是，他得到钻石才九个月，就发生了 1909 年由青年土耳其党发动的军事政变，苏丹哈米德二世被赶下台。但这颗从未给人带来任何希望的钻石的离奇故事并没有完结。1911 年艾浮林·维尔西·马克林太太买下了这颗钻石，成为第一个占有"希望"钻石的美国人。也许她想改变一下"希望"钻石给人带来的种种厄运，以 18 万英镑的高昂加工费，请法国著名首饰匠雨尔·卡尔梯尔，将这颗蓝色钻石与 62 颗白钻制成一条别致的项链。不幸的是，正当她戴着这串价值连城的项链到处炫耀豪富时，灾难又接连降临了。她的两个儿子相继死去，丈夫又得了精神病。1947 年，马克林太太死后，珠宝商哈里·温斯顿买下了她所有的珠宝，其中也包括"希望"钻石。也许是这颗钻石的离奇历史使哈里·温斯顿意识到再也不能私自拥有它了。1958 年，他把他的全部珠宝捐赠给美国华盛顿史密逊博物馆。如今，这颗神奇的钻石，被陈列在史密逊博物馆中，成为最受欢迎的展品之一。

七·世界上最大的钻石 — 库里南

库里南是世界上迄今为止所发现的一颗最大的钻石原石，故被誉为"钻石之王"。

库里南是 1905 年在南非发现的，当时这一消息被到处传播，以致轰动全国。有人说这颗钻石有如拳头般大小，而另一些人却绘声绘色地说它有如人的脚板那么大。其实经精确测量，实际尺寸是 5 厘米 ×6.5 厘米 ×10 厘米，重 3106 克拉，晶莹通透，纯净无瑕，为无价之宝。这颗罕见的钻石发现不久就交给了国家。

库里南钻石原石（复制品）

库里南–Ⅰ（非洲之星）

1907 年，当英国国王爱德华七世六十六岁寿辰时，全国上下隆重庆祝，作为英帝国的殖民地的南非政府，为了讨好英国，便把这颗稀世珍宝献给了英王。爱德华国王得到这颗珍奇的宝石时，高兴得难以成眠，并决定把它加工成世界上最美丽、最豪华珍贵的钻石。于是传下旨意，将这颗钻石送到当时世界钻石加工水平最高的荷兰阿姆斯特丹去进行加工。1908 年，这颗钻石以高达 8 万英镑的加工费，由荷兰最著名的钻石切削匠约·阿斯什尔承接这项举世闻名的任务。

约·阿斯什尔虽然是具有丰富经验的名匠，但是，对于要完成这个非同一般的任务，他内心也有些惶恐不安。因为这是一颗千载难逢的稀世瑰宝，如果万一加工方案不妥或技艺有失，一锤下去，钻石裂成碎片而毁于一旦，自己岂不是成为世人唾骂的罪人。因此，当他接到这颗宝钻之后，决心停止一切其他活动，集中全力地研究如何加工它。他整天把库里南拿在手中翻过来调过去，仔仔细细斟酌了好几周，制定了一个又一个加工方案，最后精心地进行比较，从而选定了一个最佳而又最周密的方案，将原石劈成三大块。然后，他用玻璃和蜡制成模型，在其上进行反复练习。待至驾轻就熟，一切准备就绪后，在1908年的某一天，这位杰出的切削匠和助手们一起，经过几天的养精蓄锐之后，小心翼翼地把这颗大钻石放在特制的钳子里紧紧夹住，然后将劈刀轻轻地放在他事先在钻石上磨好的四分之一英寸深的槽里。他躬身弯腰，低下头去前后左右一遍又一遍地检查劈刀的方位，平直程度是否绝对准确。助手们在一旁屏息静气地观察着，屋子里的气氛紧张得像一切都凝固了似的。只见他拿起一把沉重的锤子，深深地吸了一口气，慢慢地将锤子举起，锤子在空中停了一下，接着使劲地敲在劈刀上，"啪"的一声，火光四射，劈刀断了！约·阿斯什尔脸上渗出了颗颗黄豆大的冷汗。在这紧张得仿佛马上就要爆炸的气氛中，他毫不犹豫，马上又换上了第二把劈刀，说时迟那时快，动作敏捷地再重重地敲了一下。这一次钻石完全按预定的计划裂成了两半，劈开成功了，助手们高兴地欢呼起来。可是，就在钻石劈成为两半的一刹那，约·阿斯什尔却因过度紧张而倒在地上晕了过去。不久他们又成功地将其中的半块劈开。经过长达九个月的精心琢磨，约·阿斯什尔和他的助手们把其中最大的一块钻石，加工成有七十四个面的梨形钻石，重530.20克拉，被称为"非洲之星"，是迄今世界上最大的琢磨钻石，这颗钻石镶嵌在英王的权杖上。第二块琢磨成六十八个面的方形钻石，重317.40克拉，命名为"库里南－Ⅱ"，被镶嵌在英王的王冠上。第三块也被琢磨成梨形钻石，重95.0克拉。其余较大的碎块被琢磨成六颗大钻，小碎块加工成96颗小钻。这颗重达3106克拉的稀世珍宝，被加工琢磨成105颗钻石首饰，几乎都为英国王室所有。全部大小钻石的总重量为1063.65克拉，是库里南原石重量的34.25%。

八 · 世界上最具挑战性的钻石

一块相貌平平、颜色乳白平淡的石头，在地面上不知躺了多少世纪，也没引起人们的注意。但是，有一次，一位独具慧眼的无名氏，终于捡起了这块石头，从而使这块世界上排行第四的大钻石，脱颖而出，轰动世界。

纽约一位钻石商马文·塞缪尔斯听到这一重约 900 克拉的钻石的消息时，开始竟不敢相信自己的耳朵。塞缪尔斯心里非常明白，这块 900 克拉的稀世珍宝，经过精心加工后将意味着什么。为了寻求这块不平凡的钻石，他不辞劳苦，三次往返欧美之间。

1984 年 8 月，塞缪尔斯意外地从一位珠宝零售商手里买到了这颗钻石。他高兴极了！因为他知道，80 多年来，这是第一颗有资格与重达 530.20 克拉的"非洲之星"争雄的挑战者。塞缪尔斯抓住了这个稍纵即逝的良机，他想，只要把它琢磨成重 531 克拉，也就是比"非洲之星"重 0.8 克拉，那么，这颗钻石就将成为世界第一而被光荣地载入史册。如此诱人的前景，使塞缪尔斯非常激动和充满信心。因而一场人与钻石之间长达三年的斗智斗勇的故事展开了。

经过几个月的深思熟虑，塞缪尔斯在一系列塑料模型上进行试验，然后再考虑如何在既可一举成名，也不会一失手成千古恨的宝石上下手了。为了确保加工有更大的把握性，他挑选了在曼哈顿中心第 47 大街钻石区附近工厂工作的雅克·斯韦伯作为自己的搭档。

斯韦伯的车间，一看就知道是个设备齐全、从事钻石加工的专业车间，在那里放置着一长溜各种各样的钻石锯，其总数不下 300 把。为了实现塞缪尔斯的梦想，斯韦伯让他的儿子吉思博采众家之长，设计出一套保护钻石的方法。加工开始的时候，钻石被固定在一个模型里，四周再用石膏加固。斯韦伯自己则操起一把超大号的钻石锯，钻石锯的转速为4000转/分。为了避免加工时，钻石因温度剧烈升高而炸裂，还配备了一台专用电子计算机来控制钻石切割时的温度，只要温度突然升高，报警装置则会自动发出信号。

斯韦伯第一次下锯是对准钻石突出的脊背部位，估计要切下大约70克拉的重量，那是塞缪尔斯设计中的钻石最大的切面。钻石锯飞快地转动着，当接触到钻石时，触点温度迅速上升，人们都睁着大眼、屏住呼吸地盯着温度的变化，恐怕钻石顷刻之间裂成碎片。斯韦伯面对不可思议的困难角度，沉着、果断、坚韧而自信地操着锯，钻石按照设计的意图，顺从地抛下了多余的部分，切锯成功了。首战告捷，塞缪尔斯和斯韦伯都受到极大的鼓舞。

要把这颗钻石琢雕成完美无瑕、匀称和谐、显露出奇妙的风采而又不低于531克拉的目标，决非一锯一刀之功。塞缪尔斯坐在办公室里经常向宝石专家琳达·萨尔金和利昂·科恩布鲁思请教，向他们咨询钻石加工的种种工艺技术问题。桌上摆放着钻石的塑料模型，他们细心地观察，激烈地讨论每一个细节问题，不时用手拨来拨去，绘制草图或在模型上用墨水画线……

斯韦伯一共锯了13次，从这颗钻石上至少切下了200克拉的碎块。塞缪尔斯设想把这颗钻石琢磨成"变形风筝"的形状。他说，我不想把它琢磨成传统的梨形，因为这钻石太大了，它具有异乎寻常的色彩，为什么不让它在各方面都是出色的和新奇的呢？

为了琢磨好钻石，塞缪尔斯又聘请了海·凯斯勒。这是一位以小心谨慎和有精准切割技术著称的外科医生。他的工作间是那样的简陋和狭小，两个铁砂轮上满是油垢和钻石粉尘，旋转起来，就像一台老式电唱机在播放音乐一样。

经过多次切割过的钻石，"体重"一次一次下降了，但是表面还是存在裂纹和瑕疵。当钻石的重量下降到只有 580 克拉时，塞缪尔斯警觉起来了，马上宣布停工，以便研究对策。他围绕着模型，心里忐忑不安，反复思忖。已经到了紧急关头，面临着艰难的选择：或者制成一颗精美无瑕的钻石，但其重量无疑将少于 531 克拉，甚至很可能不足 500 克拉；或者勉强制成一颗 531 克拉的大钻，但是，其主体部分外表将较为粗糙，并留下一条明显的裂纹漂浮在上面。到底是要一颗尽善尽美的钻石，还是要一颗单纯重量超过"非洲之星"的最大钻石？

1986 年 7 月，塞缪尔斯经过痛苦思考和激烈的思想斗争之后，明确宣布了他的这颗钻石最终要达到的体积。他说，只有第一是最重要的，没有人会去铭记钻石 2 号。这就是说，他决定继续向"非洲之星"挑战，去创造世界上最大的琢磨好的钻石。

塞缪尔斯开始寻求这颗钻石可能的雇主，然而，结果并不乐观。于是钻石被继续加工，重量已下降到 534 克拉了，可是预计的买主仍要求进一步精加工。人们要求要一颗完美无瑕的钻石，而不愿见到有明显瑕疵的大钻。最后事实强迫塞缪尔斯不得不放弃 531 克拉的念头。

体积和重量的优势放弃了，完美的造型设计和加工就变得容易多了。海·凯斯勒又高兴地回到了琢磨钻石的工作台前。几个星期后，钻石的重量降到了 500 克拉。这时，他高兴地说："现在看上去它就像一颗真正的钻石了。"

然而，对马文·塞缪尔斯来说，531 克拉的梦却是真正破灭了。

1988 年初，钻石的加工完成了，它的最终重量是 407.48 克拉。长达三年的艰苦磨难终于结束。塞缪尔斯如释重负地回到他的办公室，他用疲劳的目光凝视着蓝色的珠宝盒，他轻轻地打开盒子，要一睹这颗钻石的风采。盒盖启开时，一颗光芒四射的钻石静静地躺在里面，这是一个稀有的三角形，有如"八行两韵诗"体的形状，财富与文明皆集中于钻石边棱框出的大大小小的刻面里，那确实是一个个魔法无边的舷窗。无论是明眸正视，还是改变视角观察，那色泽、那晶亮的刻面、那奇特的造型以及折射出五彩纷呈的光环，完美地融于一体，无不深深地打动观赏者的心扉，令人赏心悦目，赞叹不已，这颗钻石把主人带进了金子般的王国。向"非洲之星"的挑战虽然失败了，但是，马文·塞缪尔斯对这颗钻石的希冀并没有落空，因为它仍不失是世界上最大的色彩绚丽的钻石之一，是永远地奉献给人类文明的最大钻石。他风趣而自豪地说："当初库里南找到钻石是献给国王的，仅此而已，而我的这颗却正相反。"

九·世界十大钻石（原石）

【库里南】1905 年 1 月，在南非特伦斯威尔省普列米尔矿山的金伯利岩岩管中被发现，并以当时的矿井勘探人托马斯·库里南的名字命名。这颗金刚石是一个大晶体的解理块，其尺寸为 500 毫米 ×650 毫米 ×1000 毫米，重达 3106 克拉。无色至微带蓝色、透明、纯净无瑕，是迄今世界上发现的一颗最大的宝石级金刚石。

当英王爱德华七世六十六岁寿辰时，南非政府将这颗稀世珍宝送给了爱德华国王。1907 年，英王降旨将这颗金刚石送到当时加工水平最高的荷兰阿姆斯特丹去加工。后来，这颗金刚石被加工成三颗超级大钻、六颗大钻、96 颗小钻。举世闻名的"非洲之星"就是其中最大的一颗钻石。

1919 年，在普列米尔矿山又找到一颗重达 1500 克拉的宝石级金刚石。它也是一颗大金刚石的解理块，且其颜色、质地也与库里南很相似，因此，有人认为它与库里南是同一个晶体碎裂而成的，故未专门命名。

【高贵无比】1893 年，于南非橘子河贾格斯丰坦金刚石矿山，被一个黑人偶然拾到。该颗金刚石为一个晶体的碎块，有一边为平整的解理面。无色透明、日光下略带淡蓝色，质量极佳，重 995.20 克拉，现在为世界第三大金刚石。后被加工琢磨成 6 颗梨形钻石、5 颗卵形钻石和 11 颗小圆钻石。

【塞拉利昂之星】1992 年在塞拉利昂的一个砂矿中被发现。该闪亮的石头无色透明，但内部有瑕疵，重 968.90 克拉。后被加工琢磨成 17 颗祖母绿型钻石。

【大莫卧尔】1630—1650 年间发现于印度克拉矿山，并以当时印度的莫卧尔王朝命名。无色透明，重 793 克拉。后被加工成玫瑰形，重 280 克拉。1739 年在德里被盗，至今仍下落不明。

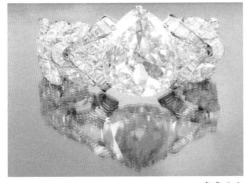

高贵无比　　　　　　　　　　　　　　　　　　　大莫卧尔

【沃耶河】1945年发现于塞拉里昂的沃耶河畔。无色透明，质地纯净，重770克拉。

【瓦尔加斯总统】1938年发现于巴西。晶体也是由一个呈菱形十二面体的大晶体沿解理面裂开的碎块，大小为56毫米×51毫米×24.4毫米，重726.60克拉，无色透明，微带淡蓝色调。后被加工琢磨成9颗阶梯形钻石。

【琼克尔】1934年，由一位名叫琼克尔的人在距著名的南非普列米尔矿山约6公里的地方拾到。重727.20克拉，无色透明，质地极佳。后来在美国纽约由著名工匠普兰加工琢磨成12颗重142.9~5.3克拉的美丽钻石，其中11颗为阶梯形、一颗为梨形，总重量为370.87克拉，为原石重量的51%，获如此高的利用率，这是世界上少有的。但其中最大的一颗，因琢磨不理想，后又改磨一次，其重量由142.9克拉减少至125.65克拉。

【雷兹】1895年。在南非贾格斯丰坦矿发现。无色透明、晶体纯净，重650.8克拉。晶体呈完整的八面体，因此加工时没有被劈碎，而是整个琢磨成一颗大钻石，重245.35克拉，取名"欢乐节"。

【未命名】产于南非，无色透明，重620.14克拉。其他情况不详。

【鲍姆戈尔德原石】1920年发现于南非赛尔顿矿，无色透明，在日光下呈美丽的蓝色，重609.25克拉。后被加工琢磨成14颗钻石。

十·世界十大名钻（已加工）

【非洲之星】又称库里南－I，重530.20克拉，号称世界第一名钻，被镶嵌在英国权杖上，为英国王室珍品。

【库里南－II】重317.40克拉，被镶嵌在英国王冠上。

【大莫卧尔】重280.00克拉，无色透明、玫瑰形，1739年在印度德里被盗。

【尼扎姆】重277.00克拉，无色透明，圆拱形。1934年，由海达拉巴的尼扎姆收藏。

【欢乐节】重245.35克拉，无色透明，枕垫形。由巴黎的普尔－路易斯·威廉收藏。

【德比尔斯】重234.50克拉，黄色。1890年卖给印度王子。

【维多利亚1880】重228.50克拉，黄色，圆钻型。大约在1882年卖给印度王子。

【奥尔洛夫】18世纪前发现于印度，原石重309克拉，无色透明，质地优良，后被加工成玫瑰形，重189.62克拉。1775年曾以9万英镑卖给俄国人奥尔洛夫，故名。现珍藏俄罗斯克里姆林宫。

【光明之山】这颗原称"库希努尔"的钻石，是13世纪初于印度古城戈尔康达郊外发现的。据传未加工的原石重800克拉，无色透明，质地优良。这颗钻石在经历了漫长、复杂、险恶的历史后，于1852年英国维多利亚女王下令将这颗原重191克拉的玫瑰形钻石，改制成重108.93克拉，并取名为"光明之山"。1911年玛丽女王将这颗钻石镶在王冠上。

【希望钻石】又名蓝色的希望，是一颗美丽蓝色的钻石。1642年以前发现于印度科勒矿山，原石重110.50克拉，后被加工琢磨成长方形，重45.52克拉。这是一颗充满神秘色彩，总是给拥有者带来厄运和灾难的"祸石"。现藏美国华盛顿史密逊博物馆。

奥尔洛夫

140克拉白金钻石戒指

名贵的大钻石戒指

十一 · 中国五大著名钻石（原石）

【白毫钻石】重约 395.11 克拉，发现时间和产地不详。现存于西藏扎布伦寺大铜佛眉宇间。

【金鸡钻石】1936 年，山东郯城金鸡岭一位老农，在沂沭河畔发现，故名。金黄色、晶莹剔透，完美无瑕，形状似一只刚出壳的雏鸡，重 1.4 两，合 218.65 克拉。被侵华日军驻临沂顾问掠走，至今下落不明。

【常林钻石】1977 年 12 月，由山东临沭常林村魏振芳在田间发现。淡蓝色、透明，晶体为立方体和曲面六四面体的聚形，大小为 36.3 毫米 ×29.6 毫米 ×17.3 毫米，重 156.786 克拉。现藏国库中。

【陈埠一号】1981 年 8 月，由山东郯城陈埠钻石矿的职工在开采砂矿时发现。棕黄色、透明。晶体为立方体和菱形十二面体的聚形，大小为 32 毫米 ×31.5 毫米 ×15 毫米，重 124.27 克拉。

【蒙山一号】1983 年 11 月 14 日，由山东蒙阴七〇一矿的一位工人发现。浅黄色，透明，晶体为八面体和六八面体组成的聚形，重 119.01 克拉。

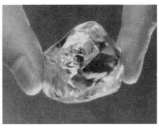

| 金鸡钻石 | 常林钻石 | 陈埠一号 |

十二·世界钻石何处觅?

世界上钻石的储量约21亿克拉,主要集中在20多个国家。其中澳大利亚、扎伊尔、博茨瓦纳、俄罗斯和南非的储量总和约占世界储量的87%。

澳大利亚是世界储藏钻石最多的国家,已探明的宝石级储量达1.6亿克拉,占世界探明储量的53.3%。澳大利亚的钻石主要产在西澳大利亚的阿盖尔(Argqle)一带,这个地区的AK-1岩管,是迄今发现的世界上最大的钻石矿床,矿床地表出露面积为45万平方米,估计钻石储量约有6亿克拉。

扎伊尔是世界产钻石居第二位的国家,每年出产2000～2300万克拉的钻石,其主要产地在柳比拉什地区。

俄罗斯的钻石年产量居世界第三位,每年产钻石1400万克拉,主要产于西伯利亚雅库梯地区。

博茨瓦纳的钻石产量居世界第四位,年产钻石1300万克拉,主要产区位于中部的欧拉帕(Orapa)地区,其中最大的岩管——欧拉帕岩管是当今世界上第二大出产钻石的岩管,出露面积为148万平方米,钻石含量为0.89克拉/立方米,估计储量可达1亿克拉。

南非在过去几十年中,其钻石产量一直居世界首位,后来,其他国家相继发现了大型的钻石矿床,世界钻石产量出现了快速增加,致使现在南非的钻石产量仅居世界第五位。南非钻石的总储量约13000万克拉,其主要矿床有:普列米尔岩管,地表出露面积为44万平方米,年产245万克拉;芬什岩管,地表出露面积为26万平方米,年产248万克拉;其他较著名的岩管尚有韦塞尔顿、德比尔斯、布尔丰坦等。值得一提的是南非钻石矿床的钻石质量非常好,产出的钻石几乎一半以上都是宝石级的。

中国钻石的开发历史比较短,相传最早是在明朝,在湖南沅水流域发现过钻石。中国目前已探明的钻石储量排在世界第十位,主要产在湖南常德地区、山东蒙阴地区和辽宁瓦房店地区。

（二）风情万种的珍贵宝石

一·红光闪耀的红宝石

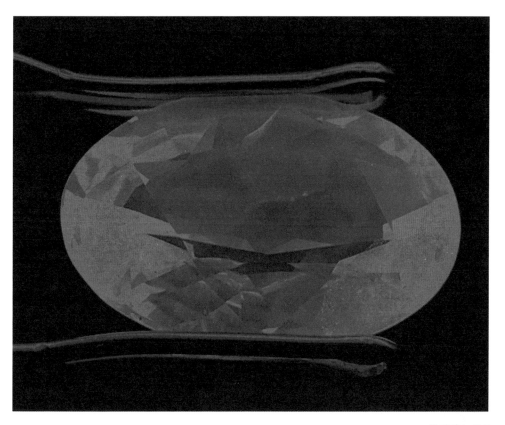

绚丽的红宝石

红宝石的英文名为 Ruby，是一种人见人爱的非常美丽的宝石，自古以来，人们就把它和钻石、祖母绿、蓝宝石一起称为世界四大珍贵宝石。红宝石的名字来源于拉丁文"红色"之意。

从古至今，人们用了许许多多的美丽的辞藻来赞美红宝石的华丽与高贵。在一本古老的宝石书中说："红宝石是上帝创造万物时所创造的 12 种宝石中最珍贵的。"在另一本书中还说道："瑰丽、清澈而华贵的红宝石是宝石之王，是宝中之宝，其优点超过所有其他宝石。"

圣经说，红宝石象征犹太部落，亚伦法衣上的第四颗宝石就是红宝石。在这颗宝石上刻着犹太的名字，自从犹太人宣布建立以色列王位以来，这颗珍贵的宝石一直是王冠上最耀眼的宝物。

在古代罗马、希腊、埃及等国家，人们视红宝石为吉祥和神圣之物，用它装饰清真寺和教堂，并作为宗教仪式的贡品，以祈求神灵保佑，给人们带来福音。有一种传说认为，佩戴红宝石会使人聪明智慧，发财致富，爱情美满，健康长寿。而且认为，左手戴上一只红宝石戒指，或左胸佩戴一枚红宝石胸针，就会具有一种逢凶化吉、变敌为友、保佑平安的魔力。

13 世纪的马可波罗写道，僧伽罗君主拥有一颗 101.6 毫米长、一个手指那么厚的红宝石，中国皇帝忽必烈汗想拿一个城池与他交换。可是，这位君主说："即使全世界的财富都放在我的脚下，我也不愿同这颗宝石分手。"看来，价值连城的珠宝，除"和氏璧"之外，还有这颗红宝石呢！

在英国皇家收藏品中，有许多是用红宝石来装饰的。例如：有一枚镶着暗淡红色的红宝石戒指，瑰丽无瑕，非常漂亮，尤其是在这颗宝石上还刻着法国路易十二的肖像，这真是宝石雕刻家的一项杰作。还有，英国国王加冕典礼上用的环形王冠，它是由纯金制成的，它上面也镶嵌一颗巨大的淡紫色红宝石。这颗红宝石顶面被琢平，并雕刻着圣乔治十字徽，红宝石的周围镶嵌着 26 颗钻石。加冕仪式同时授给王后的环冠上面也镶嵌着 17 颗红宝石，最大的一颗红宝石位居中央，周围 16 颗较小的红宝石，由内向外依次减小排列。

我国古代也认为红宝石是高贵和神圣的宝物，将其嵌于帽顶作为官衔的标志。如清代规定，自亲王以下至一品官，其帽顶嵌红宝石。慈禧太后生前也非常喜爱红宝石，其死后亦有大批红宝石珍品殉葬。据《爱月轩笔记》载：慈禧太后的随葬品中，有红宝石朝珠一串挂，红宝石杏 60 个，红宝石枣 40 枚，红宝石佛 27 尊，每尊重三两五钱（约 600 克拉）。

红宝石也有一个与钻石谷十分相似的故事。相传，古时候，在缅甸有一个非常神秘的地方。那里高山巍峨，云遮雾嶂，森林密布，野兽成群，其中有个山谷更是险峻无比。两边石壁陡峭，怪石嶙峋，深不见底，当地人称为无底山谷。更为奇妙的是，每当朝阳升起或夕阳西下时，山谷里会放射出红色的闪光，这红色的光芒与天上的朝霞和晚霞相对应，这景色五彩缤纷，艳丽无比，在周围数十里的地方都可以看到。当地流传着种种传说：有的说那里有火山喷发；有的说那里有山神炼丹；也有人说，那是遍地红宝石的红光照射。曾有些勇敢的山民备好了武器和粮草，企图下山谷去探个究竟。但是，往往不是因为山路崎岖险峻被摔死于山崖底下，就是被毒蛇猛兽咬死而有去无回。有一天，有位山民，看见几只秃鹫在山谷中盘旋觅食，于是想起了《天方夜谭》中辛巴德历险的故事。他决定做一个试验，往山谷中抛去一块块生肉，以便让生肉能粘上发红光的东西，引诱秃鹫啄食，在秃鹫飞出山谷时，

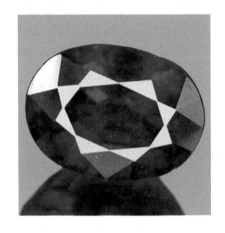

世界著名的红宝石

射杀秃鹫，"杀鹫取宝"。他的试验成功了，秃鹫带上来的是一颗颗红光闪闪、美丽无比的红宝石。后来，人们就用这种方法获取了许许多多的红宝石，这个神秘的山谷，从此，就被称为红宝石谷。

这个故事虽然有些传奇色彩，但是，缅甸确实是世界上优质红宝石的重要产地。缅甸的红宝石产在靠近中国云南的一个叫莫谷的地方，莫谷位于伊洛瓦底江以东，曼德勒市东北约90英里的地方，海拔4000英尺，莫谷河谷长约20英里，宽2英里，也许前面的故事，就发生在这里。

红宝石以其美丽的红色，硬度仅次于钻石为其主要特征。现代人认为，红宝石象征火红的热情和高尚的品德，被定为七月诞生石和结婚40周年的纪念宝石。

世界上产红宝石较多的国家有：缅甸、斯里兰卡、泰国、越南、坦桑尼亚、肯尼亚和中国等。

缅甸是世界上产优质红宝石最多的国家，所以有些国家甚至把优质红宝石就称之为"缅甸红宝石"。缅甸红宝石主要产地是莫谷。1990 年，在莫谷东北部的达拖矿山发现过一颗重达 496 克拉的红宝石，这个宝石被命名为"斯洛克"（Slorc）红宝石。也许是为了宣扬缅甸是富有红宝石之国，在缅甸首都仰光著名的大金塔塔尖的风向标上，据说镶有 3600 多颗红宝石和 500 多枚翡翠。

斯里兰卡的红宝石主要产于南部的康堤至马塔勒一带及西南部的拉特纳勒城附近，因该地盛产红宝石，拉特纳勒城还被称为"宝石城"。

泰国红宝石主要产于占他武和边呕地区。

越南是近年来才发现有红宝石的，主要是在陆安地区，据称前景非常可观，有可能成为后起之秀。

中国过去对红宝石资源了解甚少，只是在 20 世纪 70 年代后期才有所发现。主要产地有：海南文昌、黑龙江穆棱、新疆阿克陶、安徽霍山、吉林双阳、西藏曲水等地，对于它们的开发价值，还有待于进一步研究。

世界最著名的红宝石珍品有：

【爱德华红宝石】1887 年约翰·拉斯金赠给英国国王爱德华的一颗优质红宝石，晶体重 167 克拉，色彩极为绚丽，透明度极好，现藏英国自然历史博物馆。

【天尤君主】历史上极为著名的一颗红宝石，原晶体重 44 克拉，加工后重 20 克拉，产于缅甸。

【和平红宝石】1919 年发现于缅甸，重 42 克拉，当时价值两万英镑。

【埃地思"哈京长命红宝石"】该宝石为紫红色，重 100 克拉，它是世界上仅有的两颗最大的优质星光红宝石之一，产自缅甸，现藏于美国自然历史博物馆。

【罗塞·里夫斯红宝石】这是世界上仅有的两颗最大的优质星光红宝石的另一颗，重 137 克拉，产自斯里兰卡，现藏于美国华盛顿史密逊博物馆。

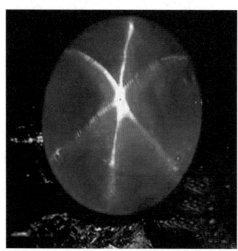

星光红宝石

爱德华红宝石

铁木尔红宝石

红宝石戒指

二·蓝光熠熠的蓝宝石

蓝宝石的英文名为 Sapphire，起源于拉丁文，为蓝色之意。其实，蓝宝石不仅仅是只有蓝色，还有其他多种颜色，如绿色、黄色、褐色等。它的最大特点是硬度很高，相对密度较大，常常颜色不均匀。蓝宝石与红宝石一样，被誉为世界四大珍贵宝石之一。自古以来，因为其美丽的蓝色，深受人们喜爱，因而也使其产生了许多美妙和神奇的传说。

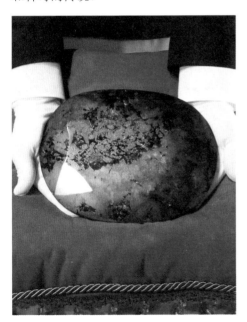

世界最大的蓝宝石晶体

据传，古代波斯人认为大地是由一颗巨大的蓝宝石支撑的，美丽的蓝天就是因为蓝宝石反射的光芒所致，人们就生活在蓝宝石普照下，沐浴阳光、雨露并赖以生存。王公贵族把蓝宝石镶嵌在王冠上，国王戴上王冠，不但可以保护其免受伤害，平安健康，延年益寿，还会使国家风调雨顺，国泰民安。平民百姓也把蓝宝石视作自己的保护神，人们佩戴刻有公羊和长胡子老头的蓝宝石，可使其免遭监禁和恶魔的摧残之苦，还可以使其避免病痛侵袭，身体健康。东方人则把蓝宝石看作幸运指路石，认为佩戴它就会给人带来好运。

还传说，蓝宝石能治疗眼疾。据称，英王查理五世就曾收藏过一颗能治疗眼疾的蓝宝石。1391 年，伦敦圣保罗大教堂收到一位捐赠者捐赠的蓝宝石，这位捐赠人要求将这颗蓝宝石供奉在圣·依庆瓦德 (ST.Erkinwald) 神殿上，用于治疗人们的眼疾。

在谈论蓝宝石时，人们总喜欢讲述一个慧眼识蓝宝的有趣的故事。据说，在很久很久以前，美国某城市的一家石材商店的货架上摆着一块天然的蓝石头。虽然这块石头隐藏着美丽的蓝色，但因其貌不出众，人们也不知道它有何用处，多少年来均无人问津。商店老板只好年复一年，一次又一次地为其清扫灰尘，而且一次又一次地降低价格。这块不受人们欢迎的石头，它的价格从 15 美元降到 13 美元，最后一直降到 10 美元，还是没有人光顾。有一天，一位叫罗伊·惠兹的人，突然对这块石头产生了兴趣，他觉得，把它作为一件玩具，买下来也是值得的，而且他肯定他的孩子一定会喜欢这块蓝色的大石头。于是，他花了 10 美元买下了这块多少年来无人问津的石头。就这样，这块看似普普通通的蓝石头就成为罗伊·惠兹家的一件普普通通的玩具，供他的孩子们玩耍。一切都很平凡地又过了几年。有一天，罗伊·惠兹的一位朋友来家造访，这位朋友是一位宝石专家。一个偶然的机会，他突然发现地上有一块那么大的蓝石头，感到非常惊奇，在认真观察和研究之后，他以宝石专家的眼光和智慧提出，这块蓝石头可能是一颗珍贵的蓝宝石。因为，在自然界，以蓝色出现的石头是很少见的。于是他建议主人，让他把这块石头带回去鉴定。后来，经过详细鉴定，确定这块多年来无人赏识的蓝石头竟是一块稀世珍宝，为世界上极少见的巨大蓝宝石晶体，重达 1950 克拉，当时价值 228 万美元。无需更多的叙述，用 10 美元买下这块蓝石头的罗伊·惠兹先生，也就一下子成了百万富翁。朋友，从这则有趣的故事可以得到启发，你若有机会碰到颜色不平凡的石头，你可千万不要把它抛弃了，你一定要拿回来，让宝石专家看看，说不准也是一件稀世珍宝呢！

今天，人们也十分喜爱蓝宝石。人们羡慕它美丽的蓝色，赞赏它的晶莹和亮丽。人们还认为它的品格象征着慈爱、诚恳和德高望重，把它定为九月诞生石和结婚 45 周年的纪念宝石。

世界上有不少地方产蓝宝石，产量较多的国家是缅甸、澳大利亚、斯里兰卡、泰国、柬埔寨、美国和中国等。缅甸蓝宝石主要产于莫谷地区；澳大利亚蓝宝石产于新南威尔士州的因弗雷尔地区；斯里兰卡蓝宝石产于康堤地区；泰国蓝宝石产于占他武里至达叻地区。

中国的蓝宝石资源和红宝石一样，其详细情况还不太清楚，还需要进一步勘探和研究，目前发现有蓝宝石的地区主要有：黑龙江穆棱、海南逢来、福建明溪、山东乐昌、江苏六合、新疆阿克陶地区等。

世界上最著名的蓝宝石珍品有：

【世界上最大的蓝宝石】1995 年 3 月，一颗当今世界最大的蓝宝石在泰国曼谷的一家珠宝厂进行切磨加工，这颗在非洲西南部发现的蓝宝石重 3 万克拉，它被加工好后重约 2 万克拉，命名为"皇家蓝宝石"。

【爱德华蓝宝石】是历史上非常著名的、颜色十分艳丽的蓝色蓝宝石，1942 年，爱德华首先将其镶嵌在戒指上，后再磨成玫瑰形，现镶在英国王冠的十字架中。

【斯图亚特蓝宝石】也是一颗历史上十分著名的优质蓝宝石，它的颜色非常美丽，大小为 38.1 毫米 ×25.4 毫米，因镶嵌在英国查理二世的王冠上，故又称为查理二世蓝宝石。

【罗斯波利蓝宝石】是一颗褐色无瑕的蓝宝石，原石重 132.06 克拉，现藏在法国巴黎 Jandin des plantes 博物馆。

【印度之星】是一颗星光蓝宝石，重 543 克拉，产自斯里兰卡，现藏美国纽约的自然历史博物馆。

【阿塔邦之星】为一颗蓝色星光蓝宝石，重 316 克拉，产自斯里兰卡，现藏美国华盛顿博物馆。

【亚洲之星】是一颗蓝色的星光蓝宝石，重 330 克拉，产自缅甸，现藏美国华盛顿博物馆。

【黑色蓝宝石】是世界上最大的一颗星光蓝宝石，颜色是黑色，具很好的星光效应，原石重 1156 克拉，琢磨后为 733 克拉，呈椭圆形，有如鸡蛋般大小，具体尺寸为 57.15 毫米 ×44.45 毫米 ×25.40 毫米，当时价值 18.6 万美元。该原石于 1934 年在澳大利亚昆士兰州发现，现藏于私人手中。

不同颜色的蓝宝石

蓝宝石项链

世界著名的蓝宝石

蓝宝石戒指

印度之星

三·碧绿苍翠的祖母绿

祖母绿的英文名为 Emerald，起源于古波斯语，它是由古波斯国通过丝绸之路传到中国来的。由于译音不同，古有"子母绿"珋 "珇 绿"、"助水绿"之称。如宋应星《天工开物》中说："属青绿种者，为瑟瑟珠，珇 绿珋。其"珇 绿"就是指祖母绿。谷应泰《博物要览》中记载："西洋默得那国，产祖母绿宝石，色深绿如鹦鹉羽。"又如《清秘藏》中称："祖母绿，一名助水绿，以内有蜻蜓翅光者算。"

祖母绿晶体

这说明，那时，他们不但对祖母绿的瑕疵有了相当的了解，而且还把它作为认识真品的标志。

祖母绿因颜色碧绿苍翠，绿得最美，被誉为"绿色之王"。自古以来，祖母绿就和钻石、红宝石、蓝宝石一起，被列为世界四大珍贵宝石。

祖母绿作为宝石的历史非常悠久。相传，距今 6000 多年前，古巴比伦的臣民，就将这青翠悦目、美艳无比的祖母绿宝石奉献给维纳斯（Venus）女神。

古代的埃及和希腊人认为，祖母绿的颜色是春天的美景、恋人的真诚，没有任何一种颜色能如此令人赏心悦目，百看不厌。它是那样的青翠与明净，又是那样美丽与柔和。它是神灵恩赐给众生的神奇宝物。人们认为，佩戴祖母绿，可以使人消除眼睛的疲劳，使人免遭病痛的折磨。甚至还有人把增强人的品性的功能归功于祖母绿。他们认为，持有祖母绿的人将具有超自然的预知自己未来的能力。还认为祖母绿能增强人的记忆力和雄辩能力，使人才思敏捷、能力过人，将来会变得忠实和富有。

古代的帝王们，更视祖母绿为神圣珍宝，是权力和尊严的象征。他们所戴的王冠，无不镶嵌祖母绿宝石，如罗马大帝奥托王冠、英国王冠、安提斯王王冠都嵌用了大量美丽而珍贵的祖母绿宝石。中国明清两代宫廷皇室，也特别喜爱祖母绿。明朝皇帝把祖母绿和金绿猫眼石视为珍品，皇冠必须镶嵌，故有"礼冠需猫眼、祖母绿"之说。明万历皇帝玉带上嵌有一块特大的祖母绿宝石，现藏十三陵定陵博物馆中。据称，慈禧太后死后所盖的金丝锦被上，除缀有大量的各种珠宝外，还缀有两块五钱重（约 80 克拉）的祖母绿。

要识别祖母绿，应该掌握它的几个特点。首先，要熟悉它的颜色，它与别的绿色宝石不同，它的颜色是翠绿的，非常清新美丽；其次，它呈现透明至半透明，脆性较大；第三，晶体常常不够纯洁，常会有气态、液态或固态的包裹物，这些包裹物有的像"蝉翅"，有的像"兔毛"，有的像"蔗渣"。这是祖母绿的非常重要的特点。

人们认为祖母绿品质翠绿亮丽，象征和平与善良、仁慈和忠诚，并把它作为五月诞生石。

目前，在国际市场上，优质的祖母绿其价格甚至比钻石还贵。1987 年 4 月，一颗重仅 19.77 克拉的方形祖母绿宝石，其售价竟达 212.2 万美元。

世界上产祖母绿最多的国家为：哥伦比亚、俄罗斯、巴西、赞比亚、津巴布韦、印度和坦桑尼亚等国。哥伦比亚的祖母绿主要分布在沿安第斯山脉的波雅卡（BajaCa）县境内的科迪勒拉山脉一侧，著名的契沃尔和木佐矿山就位于此地区，这里是世界上优质祖母绿的最重要产地，其产量占世界总产量的 90%。俄罗斯的祖母绿产在乌拉尔山区。巴西的祖母绿产在巴希亚州和戈亚斯州。

世界上最大的祖母绿宝石原石，是 1956 年在南非发现的一颗优质祖母绿晶体，它重达 4800 克。2012 年 1 月 26 日，加拿大发现了更大的祖母绿，重达 57500 克拉，约为 11.5 公斤。

祖母绿戒指

世界最大的祖母绿

祖母绿项链

世界著名的祖母绿珍品有：

【伊朗王室的祖母绿珍品】 伊朗王室是世界上收藏祖母绿珍品最多的王室，它拥有数千颗颜色非常美丽的祖母绿宝石，而且多数重量都在 50 克拉以上，其中较著名的有：

* 天底（Nadir）宝座。其上镶嵌了一颗重约 225 克拉，4 颗重 100 ～ 170 克拉，21 颗重 35 ～ 90 克拉的祖母绿。

* 巴列维王冠。王冠上镶嵌了五颗色彩艳丽的祖母绿宝石，最大的重约 100 克拉，最小的重 14 克拉。

* 祖母绿项链。由 47 颗祖母绿宝石串成，重约 765 克拉。

* 祖母绿腰带。缀有一颗蛋圆形祖母绿，重约 175 克拉。

除此之外，伊朗王室还收藏了大量未镶嵌的祖母绿散粒、念珠等，其中大粒的重达 320 克拉。同时，王室中还收藏了许多其他珍贵宝石。但仅从祖母绿的珍品看，伊朗王室的富有程度，就可见一斑了。

【德文西亚祖母绿】 这颗祖母绿宝石的颜色为草绿色，大小为 25.4 毫米 ×25.4 毫米，重 1383.95 克拉，产于哥伦比亚木佐矿山。1831 年，由巴西的废帝詹姆·彼得罗（Dom Pedno）赠给德文西亚六世公爵。现藏英国伦敦大英自然历史博物馆。

【祖母绿花瓶】 这颗祖母绿宝石重 2681 克拉，现藏奥地利维也纳博物馆。

【祖母绿罐】 这颗祖母绿宝石重 2689 克拉，现藏美国纽约自然历史博物馆。

四·长有眼睛的奇异猫眼

世界上有一种十分奇特的宝石，它会长出像猫的眼睛一样而且还会活动的"瞳孔"，故而人们称其为猫眼石。

在宝石学中，猫眼石是指具有猫眼效应的金绿宝石。其猫眼效应的产生，是由于其宝石晶体中含有平行排列的纤维管状包裹体或丝状金红石包裹体。在将这种宝石加工成弧面形状后，由于光学效应，就会在中央出现一道狭窄而又灵活明亮的光带。这光带还会随着光线的方向和强弱的变化而移动，宛如真的、活的猫眼睛一般。

古人对猫眼效应的形成缺乏科学的了解，因而对这神奇的猫眼石记下了极为有趣的传说。元末伊世珍《琅嬛记》和《稗史类编》载："南蕃（指斯里兰卡）白胡山中出猫眼，极多且佳，他处不及也。古传此山有胡人，遍身俱白素，无生业，唯畜一猫，猫死埋山中。久之猫忽见梦曰，'我已活矣，可掘观之'。及掘，猫身已化，唯得二睛，坚滑如珠，中间一道白横褡，转侧分明，验十二时无误，与生不异。胡人怪之，夜又见梦曰：'埋于此山之阴，可以变化无穷。中一颗赤色有光明者，吞之可以得仙'。胡掘得，遂集山人置酒食为别，及吞，即有一猫如狮子，负之腾空而去。至今此山最多猫睛，猫睛一名狮负。"尽管这仅仅是一段有趣的故事，但是古人对猫眼石的特征和质量评价还是颇有研究。《格古要论》中称"猫

猫眼

眼石产南蕃，色如酒，中有一道白线如猫睛者为佳品，混浊者，青色者则不足奇矣。"
在《留青日札》、《辍耕录》中均记载有："猫睛，名猫儿眼，一线中横，四面活光，
轮转照人。次者名走水石，无光。"《波斯志》中指出："与猫儿眼睛一般者为佳……
若眼睛散及死而不活者，或青黑色者，皆不为奇，大如指面者尤好，小者价轻，宜
镶嵌用"。古人的这些评价标准，在今天还是有重要的参考价值的。亚洲人特别喜
爱猫眼石，他们认为：猫眼石以其酒黄的颜色，丝绢样的光泽和锐利的眼神而成为
自然界最美丽的宝石。它可以给佩戴者带来好运，保护主人健康并免于贫困。由于
这种宝石很稀少而又很神奇，故其价值也很昂贵，被人们列为仅次于钻石、祖母绿、
红宝石、蓝宝石之后的世界第五大珍贵宝石。

　　猫眼石的鉴定特征是：蜜黄色、猫眼明显、清晰、硬度大。如用光线照射其一
侧，则其两侧会出现不同的颜色，其照射光一侧呈现本体色，而另一侧则为乳白色。
其与人造猫眼之区别在于其硬度大和相对密度也比较大。猫眼石在世界产出很有限，
主要产在斯里兰卡，其次是巴西和缅甸。斯里兰
卡的德尼亚雅和辛哈拉贾矿区是世界最著名的猫眼
产地。

　　世界上最著名的猫眼石珍品有：霍普猫眼，
为英国伦敦银行家和宝石收藏家所收藏，该猫眼石
直径为 25.4~38.1 毫米，呈球状，雕琢成祭坛形，
顶上还有一支火把；另外，在美国华盛顿史密逊博
物馆，珍藏有三颗斯里兰卡产出的猫眼石，其重量
分别为 171 克拉，58.2 克拉和 47.8 克拉。

世界最大的猫眼

五·会变彩的神奇欧泊

欧泊的英文名为 opal，来源于拉丁语"opalus"，意为"集宝石之美于一身"。因欧泊主要产于澳大利亚新南威尔士的"闪电岭"，中国宝石界曾将其称为"闪闪云""闪山云"或"闪山石"等。

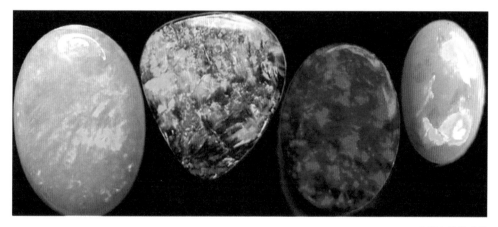

五彩斑斓的欧泊

欧泊具有特殊的变彩效应，能闪烁出火焰般的光彩，形形色色，多姿多彩，具有无穷的魅力而令人陶醉，从古至今深受人们的喜爱和赞赏。如博学多才的罗马学者普林尼（pling）对欧泊的赞美："在一块欧泊石上，你可以看到红宝石的火焰，紫水晶似的色斑，祖母绿般的翠海，集所有最美的色彩于一体。既闪烁又发光，五彩缤纷，美不胜收。"艺术家杜拜描绘欧泊的美艳时说："欧泊的色彩斑斓，就像画家的调色板，色彩的变化犹如硫磺的火焰或燃烧的火舌，艳丽无比，令人眼花缭乱。"

莎士比亚称欧泊是 "宝石的皇后"。欧洲人早在罗马帝国时代就将欧泊视为珍宝。据普林尼记载：诺尼元老宁肯流放，也不愿把自己收藏的欧泊让给渴望得到这块宝石的古罗马领袖安东尼（公元前 83—30 年）。中国人也非常喜爱欧泊，但古时主要作为珍宝收藏在宫廷中。欧泊由于变彩绚丽，给人以美妙而无穷的遐想，被认为是希望之石，能使佩戴者实现自己美好的愿望。

欧泊的主要鉴定特征是：明显的变彩效应，从不同方向观察，会看到不同的色彩；其次它是非晶体，硬度低，相对密度小。欧泊有许多品种，其中以黑欧泊（底色为黑色者）、白欧泊（底色为白色者）和火欧泊（底色为红色者）为佳。

世界上产欧泊最多的国家是澳大利亚、墨西哥和美国。澳大利亚的欧泊主要集中在新南威尔士、南澳大利亚和昆士兰州，其中最著名的产地是新南威尔士州的闪电岭(Lightning Ridge)，曾产出世界上最优质的黑欧泊；南澳大利亚的库勃彼德(Coober Pedg) 和爱多姆克（Andamooka）是白欧泊的重要产地。墨西哥产出的是火欧泊，产地主要分布在南部的吉玛巴、格雷罗州、奇瓦瓦州等地。

目前，世界上著名的欧泊珍品有：

【世界上最大的欧泊】 世界上最大的欧泊是一块尚未加工的优质欧泊原石，重达 2610 克拉，产自美国维尔京山谷 (Vringin Valley)，现收藏在美国华盛顿史密逊博物馆。

【火焰女王】 火焰女王是火焰状的黑欧泊，中心为亮红色，非常漂亮。重 233 克拉，1918 年产自澳大利亚。

【世界之光】 世界之光是漂亮的黑欧泊原石，重 273 克拉，1928 年产于澳大利亚新南威尔士的闪电岭。

世界最大的欧泊

火焰女王欧泊

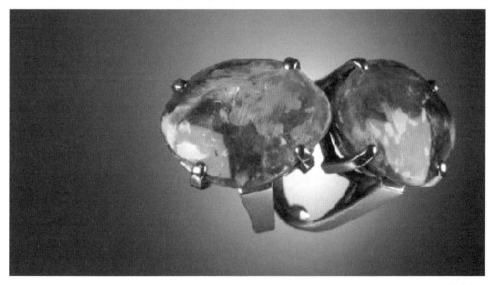

欧泊戒指

【德文西欧泊】德文西欧泊是极漂亮的黑欧泊原石，形态为蛋圆形，外表稍凸起，大小为 50.8 毫米 ×25.4 毫米，重约 100 克拉，产自澳大利亚。

【爱多姆克欧泊】爱多姆克欧泊是底色为绿色的黑欧泊，具有红色、赤黄色和蓝色变彩，形状为蛋圆形，重 205 克拉，产自南澳大利亚的爱多姆克矿区。1954 年，南澳大利亚政府将其镶嵌在一串项链上，献给了英国女王伊丽莎白。

【太阳神欧泊】太阳神欧泊是一块质量极佳的火欧泊，因雕琢成墨西哥太阳神头像而得名，重 32 克拉。现藏美国芝加哥科学博物馆。

【潘多拉欧泊】潘多拉欧泊是澳大利亚极为著名的一块白欧泊，质地优良，由深红色和绚丽的黄色、绿色以及蓝色闪烁般交相辉映而构成美丽的图案。原石重 711 克拉，大小为 101.6 毫米 ×50.8 毫米 ×25 毫米。

（三）巧夺天工话美玉

一·玉之帝王 —— 翡翠

翡翠因其质地柔和温润，嫩绿娇艳，被认为是玉石中最珍贵的品种。中国人把它列为宝石的四大品种之一，即翠、钻、珠、宝。

翡翠一词来源于鸟名。汉代许慎《说文解字》中说："翡，赤羽雀也。翠，青羽雀也。"即"翡"是一种红色羽毛的小鸟，而"翠"是一种绿色羽毛的小鸟。由于翡翠鸟羽很美，因而古代的人们就将其制成饰物，作为饰品。后来，人们发现了颜色如同翡翠羽毛般漂亮的玉石，于是就以翡翠相称。

我国是将翡翠作为饰品最早的国家之一。据章鸿剑《石雅》中考证，中国使用翡翠起于周朝，但到汉代才有些对翡翠的文字记载。如汉代班固《两都赋》中则有"翡翠火齐，饰以美玉"，其中"火齐"为水晶的古称，翡翠可能指的是玉石。宋代欧阳修《归田录》中，把翡翠说得就更为确切了。文曰："余家有一玉罂，形制甚古而精巧，始得之，梅圣俞为碧玉。在颍州时，尝以示僚属，坐有兵马铃辖邓保吉者，真宋朝老内臣也，识之曰，此宝器也，谓之翡翠，云禁中宝物，皆藏宜圣唐库，库中有翡翠玉戈一支，所以识也。"从上述考证中，虽然证实翡翠的使用确实久远，但并不广泛。直到清代中、后期才盛行于世。从慈禧太后死后的殡葬品中有大量的翡翠珍品，可以作为佐证。

翡翠的主要特点是翠绿色，它的绿非常鲜嫩可爱。不过，这绿色仅仅是翡翠玉石中的一部分。就整块玉石来说，实际上还有其他多种颜色出现，如绿白、油青、淡绿、藕粉、红、黄、黑等色；其次是由于它具有斑晶或纤维状结构，在光线照射下，会出现星点状或片状的闪光现象，俗称翠性，这一特点是其他玉石所不具有的。因此，这是鉴别翡翠最重要的标志。翡翠的质量和价值，主要从颜色、透明度、质地、瑕疵、美学等几个方面来衡量。颜色以其绿色越纯正、翠越大越好；其他如透明度达微透明到半透明、质地细腻、油润、瑕疵少者为上品。

　　世界上的优质翡翠几乎均产自缅甸。1978 年 3 月，缅甸曾发现一块重达 30 吨的世界上最大的玉块。1982 年，在缅甸北部的丛林中发现了更为巨大的翡翠玉块，它重达 33 吨。缅甸政府为了运送这块巨型珍宝，专门修筑了一条长达 130 公里的公路，还派出军队沿途押运，最后才成功地运抵首都仰光，并于 1983 年向公众展出。

我国近代比较著名的翡翠珍品有：

　　【"岱岳奇观"山子】这是一件表现泰山的巨型翡翠山子，料重 363.8 千克，呈不规则的三角形，高 780 毫米，宽 830 毫米，厚 500 毫米。正面山峦挺拔，树木青翠，以中天门为背景，着重刻画十八盘、玉皇顶、云步桥、竹林亭等名胜。后面利用原料的油青色，塑造了孤岭怪石、碧崖莽苍、树木灰暗的黄昏景象。整个作品青山绿林，掩映座座楼台亭榭，倒挂银河，奇珍异兽，翱翔仙鹤，把翠绿突出于山石景物之间，惟妙惟肖，十分壮丽，为翡翠玉山之绝世珍品。1989 年完成，现藏展于中国工艺美术馆。

翡翠 "岱岳奇观" 山子

【"群芳揽胜"花篮】这是一梁链提携的花篮，连接花篮主体的两条各三十二个环的活动链子，链长 400 毫米，可以把花篮提起来。花篮内装插着四季花卉。这四季花卉是用从篮体中掏出的玉料制作成的。该作品工艺精湛、丰满富丽，集现代花卉工艺之精华，成为世界罕见的玉器珍品。现藏展于中国工艺美术馆；

翡翠"群芳揽胜"花篮

【"含香聚瑞"薰】该作品高 710 毫米、宽 650 毫米、厚 395 毫米，重 274.4 千克，由绿翠较多的高档翡翠琢成。做工上采用了料中套料的高难度工艺、小料做大料的手法，增加了原料绿翠的面积。花薰由底足、中节、主身、盖、顶等五部分组成，以主身和盖组成球体为中心，四周围以圆雕的九龙。整件作品工艺精湛、部件配合精细而准确。现藏展于中国工艺美术馆。

翡翠"含香聚瑞"薰

【"四海腾欢"插屏】 插屏由一块重 77.8 千克的翡翠割为 4 片拼接而成，高 740 毫米、宽 148 毫米、厚 18 毫米。正面浮雕九条不同姿势的龙磅礴于云水之间，气势雄伟；背面全素抛光。翡翠透明度高、散绿鲜艳，为世界罕见之珍品。现藏展于中国工艺美术馆。

翡翠 "四海腾欢" 插屏

【四件国宝身世传奇】 上述四件翡翠国宝的诞生，从原材料的获得到作品的完成，有一则十分传奇而又非常真实感人的故事。

新中国成立之初，京都玉雕行业出了 "四怪" （四位才艺特殊的艺人），他们各怀绝技，频出绝活。十年动乱期间，批封、资、修，破"四旧"，一时万花凋谢，玉碎珠沉，艺人们也各自散了。到了1987年，北京玉雕才又日渐中兴，但"四怪"中"二怪"已经离世，一怪病倒，只有以雕琢"怪罗汉"著称的王树森尚在工作。他在歇手十多年后，做了两件翠玉佩，只有一个半火柴盒大，在香港卖了180万元人民币。此事，在京都玉器界传为佳话。但王树森却并不视为欢心乐事，反而常常带着遗憾的心情对徒弟们说："有块宝石叫'三十二万种'翡翠，如能找到，做出珍品，我这辈子也就算没白活了！你们给我到处问问，找找。"

什么是"三十二万种"？徒弟们连听都没有听说过，到哪里去找呀！王树森说，他从小跟父亲磨玉，14岁那年，他去街上买磨玉的砂子，看见一个小作坊里在做翡翠塔，那塔上的栏杆，翠料鲜活，他不禁连声称赞。不料，边上的一个小师傅却说："这翠算不了什么，有块'三十二万种'翡翠，那才好呢！"这就是王树森第一次听到"三十二万种"的名字。

20岁时，有位经营玉料的客商告诉王树森确实有块"三十二万种"翡翠，不过在云南，仅此而已。从此，"三十二万种"就像云飘雾绕一样，在王树森心里挥之不去。

建国初期，文化部召集老艺人座谈，王树森自然又提起"三十二万种"来。云南的一位老艺人说，某行家曾在"三十二万种"的一角喷洒火酒，点火燃烧，再泼上冷水一激，发现翡翠的深处透出一泓"水地"色泽深绿，犹如雨后的冬青叶，鲜润娇嫩，品第极高，而且是目前世界上最大的翡翠，其价值无法估计。遗憾的是，这位老艺人也只是道听途说，自己并未目睹"三十二万种"的风采。

1980年，有一次，北京人大常委会开会，王树森又念叨起他的"三十二万种"。人大常委会办公室的一位工作人员，把这件事记在心上。一天，他碰到一个记者，要求他帮忙寻找王树森念叨了半辈子的宝石，记者找到王树森，在了解到情况以后，他觉得这件事只能借助媒体。1980 年 6 月 5 日，《北京晚报》刊出了《宝石何在》一文，向社会呼吁，请知情者提供寻找这块大宝石下落的线索。

四天后，北京玉器厂厂长室来了位 50 岁开外，干部装束的不速之客。他掏出介绍信，说是来提供宝石下落的。有人飞快地叫来了王树森，两人一照面，怔住了，好面熟啊！

"老哥，还记得我不？""咋能忘？您就是当年在道安伯胡同请我看宝石的人！"王树森欣喜若狂，紧紧握住对方的手，迫不及待地问"宝石呢？宝石呢？"

来访的干部笑眯眯地摆摆手："别急，别急，我守了它 25 年了，宝玉健在！"。

原来，这位干部叫翟维礼，是国家物资储备局的处长。

25 年前，翟维礼根据周恩来总理的指示，负责保管四块翡翠宝石。由于贮放的库房属于军用库，宝石无从入账，于是就在大仓库里专门为它们盖了间小房，他与其他同志每天去看望一次。年复一年，翟维礼由保管员升到科长、处长，宝石却始终静静地躺在那里。红卫兵横扫一切那年，翟维礼担心这四块宝石遭到厄运，就请示上级予以转移，于是军用专列上多了一节非军用物资的车皮，宝石悄悄地拉出京城，贮放在河南山中的一个洞库里。六年后，宝石又回到了北京"故居"。

一天，王树森去藏宝之地，看望他朝思暮想的宝石。四只木箱被打开了，宝石完好无损，王树森从这块抚摸到那块，手掌触及冰凉的翠玉，传向内心的却是一股暖流。他的双手在颤抖，他的眼眶湿润了。

四块宝石中，他先见到的是最小的一块，重 77.8 公斤。最大的一块用橘红色的漆标着重量：363.8 公斤。四块宝石的质地、色泽完全相同，拼凑在一起，形状像个大土豆。奇迹终于出现了 - 有一块宝石上赫然写着几个黑色小字"三十二万种"！王树森兴奋得手舞足蹈，一会儿笑，一会儿哭，此时此刻，年过花甲的王树森，活像一个疯疯癫癫的傻小子。

"美玉千载难逢"伏枥的老骥壮心勃勃，王树森决心要让这四块宝石，在中国现代玉雕艺术大师们的手中大放异彩，创造出举世无双、空前绝后的国宝来。

1982 年 11 月 9 日，四件巨翠玉料在警车护卫下送到了北京玉器厂。从此，对这些宝石的创作工作拉开序幕。

一批玉雕大师们经过 6 年艰苦卓绝的努力，先后有两位玉雕大师因劳累过度而病故在工作岗位上，"岱岳奇观"、"群芳揽胜"、"含香聚瑞"、"四海腾欢"四件国宝终于雕琢成功。它们是中国工艺美术史上不朽的杰作，它们是几代玉雕大师用生命和心血培育出来的稀世奇葩。

翡翠项链

翡翠耳坠

翡翠手镯

二·让人"神仙不老"的软玉

软玉是一个专业名词。中国珠宝界人士一般都把软玉称为玉，质量极好、颜色洁白者则称为白玉。据史料考证，我国用玉起码已有7000多年的历史。已出土的文物中，有成千上万件的玉器。中国人视玉成美德的象征。东汉许慎《说文解字》云："玉，石之美，有五德。润泽以温，仁之方也，鳃理自外，可以知中，义之方也，其声舒畅，专以远闻，智之方也；不挠不折，勇之方也；锐廉而不拔，絜之方也。"李时珍《本草纲目》说，玉石可以入药。"久服轻身长年，润心肺，助声喉，滋毛发，滋养五脏，止烦躁"。药典《圣济录》载："面身瘢痕，真玉日月磨之，久则自灭。"民间认为，食玉可以使人"其命不极，神仙不老，轻身长年"。而死后含玉，则可使"尸体不腐精气不逸"。人们还认为佩戴玉器，可以避邪恶，使人美丽，健康长寿。相传，玉还有美容之功能，当年杨贵妃每日浴后，就以白玉末配珍珠调藕粉涂搓脸面，使其红颜永驻，青春常在。

玉石很美，但它却来之不易。古时采玉，有"攻玉"和"捞玉"之法。所谓"攻玉"是指用火攻玉，即在玉矿体上面堆置柴薪，燃烧使玉矿变热，然后用冷水浇注，玉矿因急速冷却而破裂，继而取之。"捞玉"是指从产玉的河中捞取玉块。一种方法是在秋月之夜，此时月明且河水清浅，采玉人站在河岸上观察，寻找河水中反光最强的地方，然后下河捞取；另一种方法是不管河水清浊，采玉人到河中用脚或手探试，触到光滑的石块即捞起察看，去假存真。

采玉难，运玉更为艰难。据考证，现藏北京故宫博物院的特大型玉雕，"大禹治水"玉山和"九昌会老图"等玉雕艺术品，其重量均在万斤以上，料石均来自遥远的新疆崇山峻岭之中。如此沉重的巨石，且古代交通又不方便，运输工具也十分原始和落后，数千里运程之艰辛是现代人难以想象的。《竹叶亭杂记》记载："闻辇此大玉时，用马数百匹，回民不善衔，前却不一，鞭箠交下，积沙盈尺，轴动辄胶，回民以特大瓶灌油以脂之，日载行数里，奇公丰额奏回民闻弃此玉，无不欢欣鼓舞，其喜可知也。"

这里，还有一则慈禧太后与玉的故事。据说，慈禧太后生前想做一张玉床，于是命人从新疆昆仑山上采得一块重达万斤的青玉料运回北京。该玉料历经千辛万苦，从产地运到库车时，运夫已死百余人。恰巧此时，慈禧太后驾崩了，运者闻之，喜恨交加，将此巨玉砸碎。后来，人们把最大的一块运回了北京，现藏中国地质博物馆。另外较大的一块，现藏乌鲁木齐新疆地质矿产局。

中国的软玉，主要产于新疆维吾尔自治区和台湾省。新疆的软玉，主要分布在昆仑山、天山和阿尔金山地区，著名的和田玉就在昆仑山地区。台湾的软玉主要分布在台东的花莲县。

由于我国盛产高质量的玉石和中国玉雕艺人巧夺天工的精湛技艺，中国玉器长期以来蜚声全球，甚至称中国为"玉石之国"。玉石珍品许许多多，且层出不穷，现仅介绍两件以飨读者。

【"大禹治水"山子】这是一件用新疆和田青白玉雕制成的巨型山形玉器。

玉山是根据宫内所藏数张有关大禹治水的图画，同时又以宋人周文矩的画为主要蓝本，并依据料型而精心设计的。从平面到主体，随后制成蜡样，经修改又制成木样，经乾隆亲审领旨而后施工，其含义在于纪念先王德政及为民造福的丰功伟绩。从玉料下山运抵北京，到琢磨完成，共用了 15 年之久，其中琢磨时间为 8 年。精坯是在

白玉"大禹治水"山子

白玉"东方巨龙"薰

白玉手镯

北京琢制的，细部加工则是在扬州完成的。作品表现了广大民众在禹王指挥下努力开山凿渠的伟大场面。利用中国画的散点透视方法布局，使作品在视觉上既可远观又可近赏。画面气氛热烈，人物生动，配之以错金青铜底座，十分壮观得体。作品高 2240 毫米，径 960 毫米，重为 5300 千克，是中国玉器史上属于纪念性雕塑的成功之作。现陈列在故宫乐寿堂。

【白玉"东方巨龙"薰】作品用的是一块无瑕的新疆和田白玉，通高约 340 毫米，薰膛最宽处为 310 毫米。造型奇伟、厚重，经艺人上花装饰更是锦上添花。作品纹饰舒展，顶蒂是一条安踞的蟠龙昂扬高仰，神态镇定安详。薰盖上缀以牡丹花为主的十二种花形，富贵繁茂。薰的主体膛的四个开光中采用中国四大科学家祖冲之、张衡、僧一行、李时珍的肖像，展示了中国的悠久科学历史文明，底座上则饰以火轮、板锄、宝剑、书卷等图案，寓意工农兵学团结奋进。作品于 1958 年制作完成，最初陈列在人民大会堂毛泽东主席休息室，以后又陈列在北京厅。80 年代才由北京美术博物馆珍藏。

三·神力无比的绿松石

　　绿松石的工艺名为"松石"。据章鸿剑《石雅》，"此或形似松球，色近松绿"，故名。绿松石是世界上最古老的玉石品种之一。据报道，距今5000多年前，埃及皇后Zer的木乃伊手臂上就戴了四只绿松石制成的包金手镯。中国考古亦曾发现，在甘肃永靖大何庄出土的20枚绿松石，距今至少也有3800年。古人非常喜爱绿松石，认为绿松石是一种具有莫大神力的宝石，它能给佩戴者带来好运和幸福，它能在战场上保佑士兵平安，能给猎人在狩猎时带来许多战利品。绿松石和软玉一样，是中国人喜爱的传统玉石品种，尤其是藏族和蒙古族同胞，对绿松石饰物更为喜爱，在西藏人民的宗教仪式上，绿松石是一种神圣的饰物。据说，巴基斯坦人也酷爱绿松石，他们认为绿松石是高贵、吉祥的象征。因此，他们在做一件比较重要的事之前，总爱摆出一件绿松石饰品来，以期事情吉祥如意。美国西南部的印第安人，一直把绿松石视为珍宝，用它来装饰房前或墓地，用于体现大海和蓝天的精灵。今天的人们仍然非常钟爱绿松石，认为它具有象征胜利和成功的气质，它被誉为"成功之石"并定为十二月诞生石。

　　绿松石的鉴定特点是：特殊的蓝绿色，质地致密，蜡状光泽，块体中常含有黑线。

　　世界上产绿松石最多的国家是伊朗，主要产于尼沙普尔、科尔曼和亚兹德地区；其次是埃及，产于西奈半岛的瓦迪马格哈拉山谷，还有美国的科罗拉多、内华达、亚利桑那、新墨西哥等州，俄国的库拉明山脉的南、北坡地区和克孜耳库姆地区。我国的绿松石主要分布在湖北、陕西、河南、青海等省，以湖北郧县、陨西县、竹山县较为著名。

绿松石 "人之初"

绿松石项链

较为著名的绿松石工艺品有绿松石 "人之初"。作品以东方神话传说女娲造人为题材，通过雕琢一位美丽善良的女性及其周围 14 个姿态各异、表情不同、天真烂漫的稚童，表现了天地初开，世界充满爱和欢乐的景象。绿松石娇艳的湖蓝色把女娲衬托得更加慈爱和圣洁，有如碧海蓝天下的少妇，在银杏树丛中恬静舒适地创造了欢乐的人类，给世界带来无限的生机和幸福。整件作品人物雕琢细腻，丛林野草错落有致，岩石随形自然，泉水潺潺有声。背面溶洞里嵌入一片黑绿色碧玉，上面阴刻 31 个篆体字 "天地开辟，未有人民，女娲抟黄土做人，剧务力不暇供，乃引绳于泥中，举已为人"。作品高 360 毫米，宽 310 毫米，厚 210 毫米，重约 20 千克，石质之优加之艺术之美，为世界所罕见。

（四）如诗如画的玛瑙

玛瑙在中国汉代以前称"琼"或"赤琼"、"赤玉"，汉代以后始用玛瑙。魏文帝《玛瑙勒赋》云："玛瑙，玉属也。出西域，文理交错，有似马脑，故其仿人，因以名之。"

玛瑙同软玉、绿松石等一样，也是一种历史悠久的玉石，早在新石器时代就被用来做工艺品了。从出土文物得知，古时的玛瑙除制作简单的饰物外，主要制作扁圆形或管形的珠子，但也偶见大型的玛瑙制品。如晋时王嘉《拾遗记》记载："当黄帝时，玛瑙瓮至，尧时犹存，甘露在其中，盈而不渴。"舜时"迁宝瓮于衡山之上"，后陷于地下，到秦始皇"通汨罗之流"时，掘地得到，其后又下落不明。李时珍《本草纲目》对玛瑙的品种和鉴别有许多精辟的论述："马脑生西国玉石间，亦美石之类，重宝也。来中国者皆以为器，又入日本，用砑木不热者为上，热者非真也。南马脑产在大食等国，色正红无瑕，可作杯斝。西北者色青黑。宁夏瓜州，羌地砂碛中得者尤奇：有柏枝马脑，花如柏枝；有夹胎马脑，正视莹白，侧视则若凝血，一物二色也；截子马脑，黑白相间；合子马脑，漆黑中有一白线间之；锦红马脑，其色如锦；

砂心玛瑙

缠丝马脑，红白如丝，此皆贵品。"对罕见的水胆玛瑙，古代亦早有发现。周密《烟云过眼录》载："琼江石，浆水石，玛瑙也。二寸许廼块石耳，视之，滴水在内，摇之则上下流动。"

在国外，玛瑙用作艺术品的历史，也可上溯至久远的年代。据考证，古代美索不达米亚地区的沙美里亚人，他们就用玛瑙制成图章、信物戒指、串珠和其他工艺品。他们制作的一把非常精美的斧子，现存放在纽约国家历史博物馆展出。据说，还有一套用玛瑙制作的，上面刻有日期标记的仪器，是公元前 3000 — 前 2300 年间制作的。

古人钟爱玛瑙，一方面是为其五彩缤纷的颜色和美丽的花纹所吸引；另一方面是被其神奇的魅力所征服。据传说，玛瑙能给佩戴者带来信心和欢乐，并被赋予上帝的仁慈，还会给其带来力量并确保成功。另外，玛瑙还被认为可治疗失眠，并使佩戴者做好梦。还传说，玛瑙还可帮助其持有者，对自己得到的财富更加细心料理和精明地保护，确保其不会失去，以致福至心灵。阿拉伯的波斯人和其他东方人，喜欢在玛瑙戒指上刻上名字或某些符号，他们认为，这种戒指就将具有许多神奇的功能，它会保护物主免遭厄运。据说，不同品种的玛瑙还有不同的神力。如红玛瑙能驱除邪恶，阻止猜忌，增强信心，确保实现愿望，给人带来好运；肉红色的缠丝玛瑙，可以防止悲哀，分享智慧，赋予佩戴者胜利、幸福和长寿。

中国有句俗话，称"千样玛瑙万种玉"，说明玛瑙变化万千，品种繁多。但是要认识玛瑙也不难，以其特有的纹带构造、玻璃光泽、透明至半透明、硬而脆的特点，很容易与其他玉石区别。

如诗如画的玛瑙

玛瑙的产地比较普遍，中国以黑龙江、辽宁、云南等省产出的质量较佳，其他省区，如内蒙古、河北、宁夏、新疆、西藏、湖北、山东、江苏等地均有产出。

玛瑙虽是一种普通玉石，但因中国玉雕技艺高超，通过工艺师出神入化的精心设计，巧夺天工的雕琢，也能把这种普通玉石变为千姿百态的艺术珍品。

【巧色玛瑙立式"龙皿"】作品用的原料是一块外部深蓝近黑色，内含一个晶莹雪白的砂心玛瑙。正是这个砂心，使创作者颇费心思，最后确定做一件立式"龙皿"。用蛟龙闹海的主题来利用这个可遇而不可求的砂心。作品形似圆盘，略显椭圆形，直径为 230 毫米，外围有高约 25 毫米的边缘，整体厚约 27 毫米。正是这道边缘使其成为一件艺术品，与日常的器皿盘、盆区别开来。中心晶莹闪亮的砂心，突出地烘托出一条正在兴风作浪而翻腾不已的蛟龙。其外围则是蓝黑色，使得中心部分格外突出。观赏者可直觉地感受到大海茫茫蛟龙嬉闹的景象，给人以一种宽阔、深沉的美感。民族风格浓郁，又富有现代感，堪称绝品。

【身世非凡的冈查加玛瑙】冈查加玛瑙是一件蓝色的缠丝玛瑙人物雕刻作品，它长 157 毫米，宽 118 毫米，高 20 毫米。其依物造型，底色为暗褐色乳白色部分正好刻出一个娇美的女性人体和头面，而光亮部分则精雕出一个俊美男子的肖像。其余细节，皆随玛瑙色调的变化巧为安排，头盔上的白色被刻成一朵小小的玫瑰花，显得特别醒目而又自然；披风上的亮点则被处理成带复仇女神美杜萨和太阳神福波斯头像的纽扣。

据专家考证，这枚玛瑙制品大约是公元前 3 世纪至前 2 世纪在埃及的亚历山大制作的。对于所刻的人物到底是谁，颇有争议，俄国学者认为，可能是托勒密·劳拉德夫国王及其王后阿希娅。这件作品的身世十分复杂，人们只知道，16 世纪时，它是意大利冈查加公爵家族的藏品，据伊莎贝拉·德艾斯特·冈查加公爵夫人 1542 年的记述，这件用金框装饰的玛瑙雕像乃是这个家族的骄傲。1630 年，冈查加家族府所在地曼图亚被奥地利人攻占，混乱中金框不知被何人盗走，而玛瑙雕刻则流入

玛瑙福禄寿摆件

红色玛瑙戒指

绿色玛瑙手镯

布拉格，成为罗马帝国皇帝鲁道夫二世的珍宝。1648 年，布拉格后被瑞典人攻占，这一珍宝自然成了献给赫利斯蒂娜女王的贡品。1654 年，这位女王放弃王位，信奉天主教，不过，她在移居罗马时，并没有把这一战利品带走。她死后，这一遗物传给德奥斯卡尔奇公爵。不久，爱钱爱宝的公爵将它连同世代相传的其他珠宝一起卖给了梵蒂冈。

　　拿破仑称雄欧洲时，这件珍宝成了约瑟芬皇后的心爱之物，大概是当时从梵蒂冈抢得它的将领早就想取悦于皇后吧！法军的战利品清单中没有登记这件珍宝。据说，后来约瑟芬将它送给了俄国沙皇亚历山大，因而从 1814 年 12 月 12 日以来，这件珍宝就一直珍藏在艾尔米塔什博物馆。

玛瑙水帘洞摆件

（五）珠光宝气话名珠

珍珠的英文名 pearl，是由拉丁文 pernnla 演变而来。另一拉丁文名字 margarita，是根据希腊文的 magrites 得来的，意为"大海的孩子"。珍珠也是使用历史非常悠久的宝石之一，它曾是佛教七宝之一（七宝指金、银、青金、砗磲、珊瑚、玛瑙、珍珠）。在《格致镜原·妆台记》中，就记载了周文王用珍珠装饰发夹的史实，证明了我国饰用珍珠始于东周。自秦汉以后，用珍珠作首饰者更为普遍，帝室、后妃、达官、巨贾无不以用珍珠作装饰为荣，至明清两代尤甚。近年，从明代万历陵墓中出土的两顶做工精细的点翠珍珠凤冠就装饰有五千多颗珍珠和宝石，其中绝大多数都是珍珠。清乾隆皇的龙袍就是用珍珠缀以种种吉祥图案制成的。慈禧太后陵墓中发现的珍珠更是多得用斗量，其中镶嵌在一顶凤冠上的一颗大珍珠重达 125 克。至于在被、袍、褂、帐上所装饰的珍珠更是不计其数。

在国外，珍珠也同样受到人们的喜爱和赞赏，他们甚至把珍珠誉为宝石"皇后"。认为珍珠能给人们带来健康、长寿、富贵。古罗马的富人们都喜欢在卧室家具、装饰物及马鞍上镶嵌珍珠。历代英国王室、俄国沙皇太子的皇室成员，都用大量的珍珠做衣、帽、被等的装饰品。

珍珠除用作饰物之外，据称还有特别的药用、保健、美容功能。三国时代的医书《名医别录》中，把珍珠列为治疗疾病的重要药材，认为珍珠具有安神定惊、清热解毒、消炎杀菌、明目消翳、平肝去火、止血生肌、止咳化痰、中和胃酸等效用。在元朝的时候，人们用珍珠粉渗入蜜糖、冰块，作为长途旅行时必备的清凉解毒饮料。早在四千年前，古埃及的贵妇们已懂得用珍珠粉加牛奶来擦身，可以保护肤色延缓衰老。我国唐代演戏化妆时，用珍珠粉涂擦面部，天长日久，皮肤就会特别细腻白嫩。据说慈禧太后为保青春永驻，每隔十天就按时服用一银匙的珍珠粉。

珍珠以其特有的形态和带彩虹般的光泽极易为人们所认识，但人造珍珠与天然珍珠常常"鱼目混珠"，与天然珍珠的差别是，人造珍珠它具温热感，颜色单调且无彩虹晕彩珠光的特征。

珍珠的产地分布比较广泛，世界上许多国家都出产珍珠。比较有名的有：波斯珠，产于波斯湾海域，国际珍珠市场上 90% 以上的高档天然珍珠均来自这个地区；此外，还有南洋珠、日本珠、南海珠等等。我国的珍珠，主要产在广西合浦，它历史悠久，质量上乘，闻名海内外。

珍珠的价值以光、彩、圆、大、美来衡量，颗粒越大越为稀有。

世界上的十大名珠包括：

【老子珠】又称真主之珠，于 1934 年 5 月 7 日在菲律宾南部的巴拉旺海湾的一只重达 110 千克的巨贝中发现。该珠半径 139.7 毫米，重 6350 克拉，是世界上最大的天然海水珍珠，也是世界十大名珠之冠。现存于美国旧金山银行的保险库中，价值 408 万美元。

【希望珍珠】于 1792 年发现的海水珍珠，呈圆柱形，长 50.8 毫米，腰围 89~114 毫米，重 450 克拉，是当时世界上最大的珍珠。现藏英国大不列颠博物馆。

老子珠

【南方十字架】于 1883 年 3 月，在澳大利亚西北海岸布隆米渔场发现。该珠形似十字架，由七颗珍珠连成一串，左右两侧又各连两颗。长 38.1 毫米，直径 18 毫米，重 85 克，是目前世界上最大的人工养殖珍珠。曾于 1886 年在英国伦敦博览会展出，相继又于 1889 年在法国巴黎博览会也展出过，后藏梵蒂冈宝库中。

【亚洲之珠】于 1628 年，由波斯一位采珠人从波斯湾的深海中采得，该珍珠呈圆筒状，重 605 克拉。据传，后来被古印度的一位皇帝雅汗买走，并送给他的皇后蒙塔斯。一个世纪之后，这颗珍珠被当作贡品，献给了中国清朝的乾隆皇帝。乾隆皇帝如获至宝，把这颗名珠当成宠物。在 1799 年，乾隆死后也一起作了陪葬品。1900 年，乾隆墓被盗后，这颗名珠便下落不明。

【夏梭菲珍珠】一颗产于斯里兰卡珠母贝的珍珠，重 160 克拉，现藏于伊朗王室。

【金冠巨珠】在英国博物馆珍藏的一顶金冠上，镶嵌着一颗重达 85 克拉的巨大珍珠，这就是被称为无价之宝的金冠巨珠。

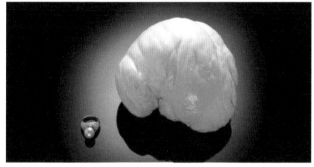

著名的拉帕雷格纳珠

珍珠绿松石项链

南洋珍珠

黑珍珠耳坠

【珍珠女王】一颗美丽的东方珍珠，重 27.5 克拉，为法国王室所有，1792 年和其他王室珠宝一起被盗。

【奥维多珍珠】该珠重 26 克拉，据传 1520 年，在巴拿马有人曾用相当于珍珠重量 650 倍的纯金买走这颗大珍珠。现藏奥地利国库中。

【孔雀王座】一颗呈黄色，重 12.8 克拉的天然海水珍珠。现藏于伊朗德黑兰宫殿中。

【阿拉夫拉珠】1957 年，日本"喜洋丸"号船在阿拉夫拉海域的一只白蝶贝中采到的一颗天然海水珍珠，直径 25 毫米，重 12 克拉。

第②章

世界著名皇冠揽胜

皇冠或称王冠，都是指有君主国家的皇或王所戴的桂冠。它的英文名 crown，源于拉丁语 corona，原指古代希腊，罗马竞技优胜者所戴的用草花树枝做成的花冠。给竞技优胜者或作战中表现特别勇敢的将士戴冠的习俗，一直沿袭下来，后来，逐渐形成一国之主也戴冠，这就是皇冠。而且皇冠从以花草树枝做成，而慢慢演变成用黄金、珠宝制作。直到近代，欧洲一些国家的国王即位时，举行加冕典礼，都要给国王戴王冠或皇冠。王冠上镶满着各种珍贵的珠宝，以示权贵显赫至高无上。

一·欧洲最古老最著名的皇冠

世界第一顶正式皇冠是公元 800 年的法兰克国王查理曼的"查理曼皇冠"，但后来不知它流落何处，至今下落不明。

欧洲最著名的皇冠是现在还保存在奥地利的"鄂托皇冠"，它制成于公元 961 年，是当时德意志国王的皇冠。这顶皇冠由纯金制造，呈八边形，每一边都嵌有一颗宝石；正面用瓷釉画着两个人：一个是预言家大卫，另一个是苏鲁门王，象征着神权与世俗权力的结合。这顶皇冠没有顶，能折叠起来。希特勒曾经得到过这顶皇冠，并把它藏在很深的地窖里，二战结束后，这顶皇冠归还了奥地利。

二·莫诺马赫皇冠

俄罗斯有一顶很著名的皇冠，它就是莫诺马赫皇冠。这顶皇冠是由东方工艺匠于13世纪末至14世纪初制作而成。传说它是蒙古金帐汗图的乌兹别克汗赐给莫斯科大公伊凡一世的礼物。

从外形上看，整顶皇冠同普通的貂皮帽没有什么两样，但它是用貂皮和黄金等材料制成的，帽子四周镶嵌着珠宝并用传统的黑貂皮毛衬里。

16世纪时，这顶皇冠逐渐被人称为莫诺马赫皇冠。1682年，彼得大帝加冕时，就是戴着按照莫诺马赫皇冠原型设计的皇冠登上沙皇宝座的。自那以后，俄罗斯沙皇每逢举行登基大典时都戴上这顶皇冠。

俄国莫诺马赫皇冠

三·彼得大帝皇冠

彼得大帝皇冠又名莫诺马赫皇冠-Ⅱ，由莫斯科克里姆林宫工场于1682年制作，高203毫米，制作材料包括黄金、白银、宝石和黑貂皮等。这顶皇冠几乎与莫诺马赫皇冠一模一样，由黄金打造，有八个棱面，冠顶饰有精致的十字架，而底部衬里用的是传统的黑貂毛。黑貂毛在俄罗斯大典礼仪服饰中其意义是非常重要的，它象征着繁荣和财富。

俄国彼得大帝皇冠

关于这顶皇冠别名的由来，有一段著名的宫廷政变故事。

1682 年，沙皇费多尔三世辞世。按照传统定制，王位本应该传给他的弟弟、年仅 14 岁的伊凡·阿列克谢耶维奇。但他病弱低能，不能参与国政。纳雷十金家族推其同父异母的弟弟彼得为沙皇。而米罗斯拉夫斯基家族却对此不满，唆使近卫军发动政变，推出伊凡并立为沙皇。此后召开的全俄缙绅会议确认伊凡为第一沙皇，彼得为第二沙皇。但伊凡即位后不过是名义上的沙皇而已，实际权力被同母姐姐索菲亚公主掌握。直到 1689 年，俄罗斯再次发生宫廷政变，将索菲亚囚入修道院，此后权力落入彼得手中，即俄罗斯历史上最著名的彼得大帝。

彼得大帝被确认为第二沙皇时，只有 10 岁，在加冕大典上，哥哥伊凡头戴的是莫诺马赫皇冠，而弟弟彼得戴的则是这顶特意赶制的莫诺马赫皇冠－Ⅱ。

四·集各种奇珍异宝的俄国大皇冠

据说，俄国历史上拥有 20 余顶皇冠，其中以叶卡捷琳娜二世女王皇冠最名贵。为了制作这顶至高无上的皇冠，从彼得大帝开始就向世界各地搜集奇珍异宝，经叶卡捷琳娜一世，到叶卡捷琳娜二世女王时，才请瑞士日内瓦的名匠马乌埃尔制成。这顶皇冠的中央前部是 17 世纪时从中国以 2627 金卢布买来的一颗世界上最大、最漂亮的、重 389.72 克拉的巴拉斯红宝石（后来被鉴定为尖晶石），周围配有 12 颗平均重 30 克拉的玫瑰形钻石，50 颗大颗粒宝石和数百颗小颗粒宝石，其中钻石共有 4936

颗，重量为 2858 克拉。此外，还在其上镶了许多珍珠。皇冠由两个半球组成，分别象征着东西罗马帝国；中部是一个橡叶状花环和橡树果，象征着沙皇帝国的神圣权力。皇冠高 275 毫米，下部周长 640 毫米，总重 1907 克。与加沙林皇冠同样著名的还有加沙林王笏，它是用黄金制成的，著名的奥尔洛夫钻石就镶在王笏的顶端，另外还镶有一颗重 86 克拉的钻石和数颗蓝宝石。

五·价值空前的英国王冠

价值空前的英国王冠又称圣·爱德华王冠，在查理二世（公元 1660 -1685 年）时代制成。此冠以黄金为基底，上面镶钻石、红宝石、祖母绿、蓝宝石和珍珠，总重量为 5 磅。除维多利亚女王外，历代国王加冕时都用这顶王冠。

英国圣·爱德华王冠

六·集珠宝最多的英国正式王冠

为了制作这顶英国王冠，大概从维多利亚女王（公元 1837—1901 年）时代开始搜集珠宝，经过爱德华七世，直到乔治五世时制成，现传给伊丽莎白女王。此王冠上镶有钻石 2783 颗，珍珠 277 颗，蓝宝石 18 颗、祖母绿 11 颗，红宝石 8 颗。王冠中央是著名的"黑太子红宝石"（后经鉴定，实为红色尖晶石），其下方正面是世界著名巨钻"库里南—II"，呈稍带圆弧的长方形，重 317.40 克拉。

英国正式王冠

七·缀有世界两大名钻的玛丽女王王冠

这是一顶在 1911 年为玛丽女王加冕而特制的王冠。王冠中央镶嵌有世界著名的钻石"光明之山"，重 108.93 克拉，还装饰有世界名钻"库里南－Ⅲ"，重 95 克拉；"库里南－Ⅳ"，重 63.70 克拉以及其他各种宝石。值得一提的是，与这顶著名王冠配套的还有一个著名的王笏，它的头部镶嵌迄今世界第一巨钻"库里南－Ⅰ"，重 530.20 克拉。

英国女王钻石王冠

缀有世界两大名钻的英国玛丽女王王冠　　希腊王后阿玛丽亚和她的珍珠泪王冠

八·镶钻石最多的印度王冠

印度王冠是英王乔治五世于 1912 年为加封印度国王而特制的。冠顶有用钻石镶嵌的十字架和地球仪，作莲花状的八个拱桥支撑着。这顶王冠上共有钻石 6170 颗、祖母绿 6 颗和印度产红宝石、蓝宝石各 4 颗。

英国斯图亚特王冠

九·布满祖母绿宝石的安第斯王冠

这是一顶秘鲁印加王阿塔荷尔帕的王冠。该王冠上镶有 453 颗祖母绿，共计重 1523 克拉。

1937—1939 年曾在美国展出。现为一宗教团体所有。

十·璀璨艳丽的巴列维王冠

这是一顶伊朗王室的王冠，王冠上镶嵌了五颗色彩艳丽的祖母绿宝石，最大者重约 100 克拉，中间者重 65 克拉，最小一颗重 14 克拉。

秘鲁安第斯王冠

第 ❸ 章

黄金漫话

一·世界黄金知多少

人类从沙里淘取黄金至今已有 6000 余年的历史了，据统计，有史以来，人们采出的黄金约有 10 万吨。19 世纪中期，当美国加利福尼亚金矿和澳大利亚的金矿被发现后，全世界掀起了一股采金热，致使采金业得到了迅速发展。

当今世界，由于通货膨胀不断加剧，黄金除了继续作为珍贵饰品、世界货币外，又逐渐发展成为了私人和国家保值的重要藏品和储备财宝。美国一家杂志写道，当前世界上人们都在积极购买黄金，但谁也不打算把它花掉。英国的《经济学家》说，目前全世界已探明的黄金总储量为 3.5 万至 4 万吨，其中南非占了一半。1988 年全世界开采的黄金总量为 1373 吨，其中南非 709 吨，加拿大 52 吨，美国 33 吨，巴布亚新几内亚 20 吨。南非有 39 座金山（矿），黄金开采量占世界的 50% 左右。俄罗斯也是个产金大国，据估计，每年产黄金 250 ～ 300 吨，居世界第二位。意大利和泰国尽管不是产金国，但在黄金出口，特别是金首饰出口方面却居领先地位。

近 20 年来，金价上涨了近 10 倍，在世界市场上，没有任何一种商品能像黄金那样畅销并经久不衰。在资本主义国家，约有一半的黄金由国家金库保存。黄金储备量最大的国家是美国，藏金 8500 吨，其次是德国 3700 吨，法国 3200 吨，俄罗斯 1400 ～ 2000 吨。此外，国际货币基金组织有 3700 吨黄金储存在美国。世界最大的金库是纽约曼哈顿的联邦银行的地下金库，藏金 5580 吨；世界第二大金库为美国肯塔基州佛尔特诺科斯银行，藏金 4500 吨；第三大金库是法国国家银行。

全世界黄金年平均产量为 1350 ～ 1400 吨，其中约 900 吨用于制作首饰，95 吨用于电子工业、制造计算机和航天仪器，约 65 吨用于镶牙。其他的黄金则用于个人收藏、金库保存或制作金币。据统计，全世界私人拥有黄金约 27000 吨，其中大部分在法国、印度和意大利私人收藏者手中。个人拥有最多黄金者，可能首推菲律宾前总统马科斯了，据菲律宾现政府掌握的材料，马科斯有 1241 吨金锭藏于瑞士。

世界上著名产黄金的国家主要是南非、俄罗斯、美国、巴西、加拿大和澳大利亚。

南非是世界上金矿资源最丰富的国家，据报道，其远景储量为 3.25 万吨，其中已探明的储量为 2.35 万吨，占世界黄金总储量的 49.38%。南非拥有 39 座著名的金矿山，主要有韦尔科姆金矿、卡尔顿维尔金矿、克勒克斯多善金矿、埃文德金矿、西兰德金矿等。

俄罗斯的金矿资源居世界第二位，其远景储量为 7776 吨，已探明的储量为 6221 吨，俄罗斯的金矿以砂金为主，占总产量的 60%，主要分布在马加丹、雅库特和东西伯利亚。脉金产量占 30%，主要分布在乌拉尔等地，其他 10% 的金则伴生在铜矿和铅矿中。

美国金矿储量为世界第三位，金矿的远景储量为 7750 吨，其中探明的储量为 1720 吨，主要分布在南达科他州、内华达州、加利福尼亚州和阿拉斯加州。美国重要的金矿山有 25 座，其中比较著名的有霍姆斯塔克金矿、卡林金矿、麦克劳林金矿、肯尼科特金铜矿和阿萨科金矿等。

巴西金矿储量为世界第四位，远景储量为 3700 吨，已探明储量为 650 吨。巴西的金矿主要来自沙金，其占产金量的 70% ～ 80%。因此，其分布主要与水系有关，如塔帕若斯河、马洗依拿河、帕洛河、朗多帕若斯河、亚马逊河等。

　　加拿大金矿储量为世界第五位，他的远景储量为 2600 吨。现已探明的储量为 1300 吨。加拿大的金矿刚好和巴西的金矿相反，其脉金产量占黄金总量的 75%，主要分布在安大略、魁北克、不列颠哥伦比亚等省。

　　澳大利亚是当今世界产金大国的后起之秀，虽然生产黄金的历史并不长，但自从 1851 年首次发现金矿至今，黄金生产得到迅速发展。1986 年竟成为世界第五产金大国。澳大利亚的黄金总储量为 2550 吨，其中已探明储量为 770 吨。澳大利亚的金矿主要分布在西澳和南澳，较为著名的矿山有奥林匹克坝金铀矿，其金的储量竟达 1200 吨，几乎全国金矿的一半都储藏在这个矿山；其他有戈尔登迈尔金矿、诺斯曼金矿、磁山 50 号金矿等。

　　我国也是世界主要产金国之一。近几年已经成为全球第一大产金国。2007 年黄金产量为 270.491 吨，2008 年黄金产量为 282.007 吨，2009 年黄金产量为 313.98 吨，已知的金矿床有 1000 多个。我国黄金主要产自脉金，占金产量的 75% 左右，主要分布在广西曼金矿、山东焦家金矿、招远金矿、广东河台金矿、台湾金瓜石金矿。沙矿占金产量的 10%，主要分布在黑龙江、四川、陕西、内蒙古、吉林、湖南、台湾等省；其他 15% 的产量，伴生在有色金属的矿床当中。

二 · 狗头金趣闻

　　黄金因为其化学性质不活泼，在自然界中常以纯金的方式产出。人们将天然形成的比较纯净的黄金称为自然金。自然金又根据产出的情况不同，如直接产在山岩

世界最大的自然金（27.2 kg）

的金矿脉中的金，称为山金；产在河流或沙滩中的金，称为砂金。而一种也是天然产品，质地不纯，颗粒巨大，形似狗头的自然金，就被称之为"狗头金"。

狗头金在世界上分布极少，不易多得，如果某人偶然发现了它，不但能在一夜之间变成富翁，更有意义的是，发现狗头金的地方，意味着此间可能是重要藏宝之地。一旦发现狗头金的消息传出，顷刻之间，发现地将打破千年的沉寂，一切都将彻底地改变。

19世纪中叶，一位木匠在美国西海岸某处的路旁拣到了一块重达32公斤的狗头金。这一奇遇，不但使这位穷木匠很快就变成了百万富翁，消息一传开，梦想发财的人群就像潮水般地涌到这里。其中不仅有本土美国人，还有来自远方的亚洲人，包括许许多多的中国人。他们在非常艰苦的生活条件下，拼命地到处挖金子、淘金砂。在这从前荒无人烟的山区，找到了大量的黄金。这个淘金热潮持续了半个世纪。后来这里竟建起了一座新兴城市——中国人称之为旧金山。一块狗头金使一座荒山变成了一座世界著名的大城市。

据说，1954年，美国一名采金工人在为死去的伙伴挖掘坟墓时，意外地挖到了一块狗头金，重36公斤，当时卖得2.27万美元。

又据说，澳大利亚也有一位幸运者，他驾驶一辆大篷车，在路过金矿区时，被一块"石头"重重的颠震了一下，他下车检查，究竟是什么怪石如此作祟。让他的眼睛不敢相信的事情发生了，车轮擦去了"石头"表面的泥尘，露出了闪闪发亮的金光。我的上帝呀！这竟是一块重达 77.6 公斤的巨大狗头金！

　　澳大利亚最新发现的狗头金是在 2009 年 4 月 4 日，它是维多利亚州一名业余勘探人发现的。这天，这位寻宝人带着勘探设备在维多利亚州巴拉特和本迪戈中间的旷野地带进行勘探，就在一块经常还有行人经过的地方，他的金属探测器突然发出响亮的叫声，他睁大眼睛一看，地面上露出一个金黄色的小尖，于是他放下装备，高兴地在这小尖尖附近挖掘起来，经过整整 1 小时的努力，他终于把这块埋藏不到 1 米深的金块从黏土中挖了出来。他高兴极了，细心地把这重达 4.4 公斤重的金块用防风夹克包好，一路哼着小曲回到停在附近的敞篷车中。

　　据有关专家称，这块黄金是 25 年来在维多利亚州挖出的第三大金块。这块狗头金已被巴拉拉特市君主山金矿历史公园以 25 万澳元收购，将作为该公园的展览品。

　　中国狗头金的故事也很精彩。据记载，自古以来，我国相继发现的狗头金约有千余块，其中最大的是在湖南益阳地区发现的，重达 49 公斤。狗头金都是在无意之中发现的。1909 年，四川盐源县一位采金工人，在井下作业时，不幸被顶上掉下来的一块"大石头"砸伤了脚。他忙去搬开这块"石头"，刚一接触，他觉得怎么那么沉重呀！心里纳闷着，这时，他也不顾脚伤了，赶忙把"石头"搬到坑口细看。天呀！竟是一块重 31 公斤的狗头金啊！还有一个故事是，1982 年，黑龙江呼玛县兴隆乡的一位淘金工岳书臣，在工作中间休息时，用手中的镐头无意识地在身边的地上刨了一下，真是不动不知道，一刨吓一跳，露出来的竟是一块重 3.325 公斤的大金块。据说，四川白玉县孔隆沟，是一个盛产狗头金的山沟。1985 年先后发现过 0.5 公斤至 4.241 公斤重的狗头金 11 块。1987 年，又发现了两块分别重 4800.8 克和 6136.15 克的狗头金。据报道，我国的狗头金主要产在湖南的资水流域、四川的白玉县、陕西南

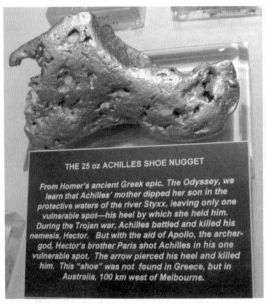

THE 25 oz ACHILLES SHOE NUGGET

From Homer's ancient Greek epic, The Odyssey, we
learn that Achilles' mother dipped her son in the
protective waters of the river Styxx, leaving only one
vulnerable spot—his heel by which she held him.
During the Trojan war, Achilles battled and killed his
nemesis, Hector. But with the aid of Apollo, the archer-
god, Hector's brother Paris shot Achilles in his one
vulnerable spot. The arrow pierced his heel and killed
him. This "shoe" was not found in Greece, but in
Australia, 100 km west of Melbourne.

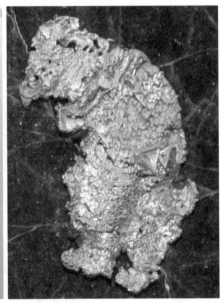

鞋型狗头金　　　　　　　　　　　　　　狗形狗头金

的郑县、安康县、黑龙江爱辉区、呼玛县、吉林的华甸县、青海的大通县、山东的
招远县、河北的隆化县等地。

　　世界上产狗头金最多的国家是澳大利亚，占世界狗头金总量的 80%，世界上最
大的一块狗头金重达 235.87 公斤，就产在澳大利亚；其次是美国的加利福尼亚、俄罗
斯的乌拉尔，还有墨西哥、巴西、日本等国。

三·纽约地下金库轶闻

纽约地下金库存放的黄金，其价值在 700 亿美元以上。换句话说，全球的黄金存量其 1/4 存放在这里。也许你会想，这黄金堆积如山的地方一定是个非常秘密的地方。其实不然，这个地方几乎众所皆知。而且，有机会和有必要的话，你还可以进入金库参观呢！

这金库坐落在曼哈顿地区的一座 12 层楼高、意大利风格的建筑物地下，由美国联邦储备银行管理。这座色彩灰暗显得古老陈旧的房子，与周围的摩天大厦比较起来，是那样平常和不显眼，但是它那用巨大的石块砌成的墙面和高大厚重的铜大门却又给人以铜墙铁壁、坚不可摧的感觉。据有关人员介绍说：通往金库的唯一通道是由工作人员远程遥控的一部电梯。这金库开凿在坚硬无比的花岗岩岩体中，离地面足有 250 多米深，比纽约地铁系统还低 100 米左右，比海平面低 150 余米，如此深藏和坚固的地下宝库，所以根本就不必担心会有劫匪打个地洞进入金库洗劫。

据说这个金库足有半个足球场大小，令人难以置信的是，这个"广阔"的金库竟然连一个门都没有，唯一的入口是由一个直径 7 米多，重达 90 多吨的钢制圆柱体形成的过道。如工作人员或来访者要进入金库时，工作人员就会将过道打开 90 度，让人员进入。别看这过道装置如此沉重，但遇到紧急情况需要关闭时，电钮一按，只需 28 秒钟，过道就可以完全封闭起来。过道封闭后，运行系统会将这庞然重物自动下沉几厘米，这样金库就将水火不入，安全极了。

如此巨额的黄金储存在那里，保卫工作一定是十分严格的。它的保卫工作由联储银行自己拥有的武装警察来执行。其警力如何？据说其警员不仅精通多种武器，

纽约联邦银行地下金库

而且个个都是神枪手。此外，金库还有严密和完善的电视监控系统和电子监视系统。这些都直接连接到中央控制室由其掌控。如果金库门被非法打开或关闭，中央控制室会立即做出反应，在30秒内即可关闭所有安全区域和出口。据称金库的保安系统，可以在发生火警之后数十秒钟内将金库内的氧气完全抽尽，从而起到灭火的作用。

通过了过道，访问者就真正进入了金库大厅。这时，你举目望到的还不是像神话中说的金光闪闪的黄金世界，而是一堵堵既普通而又简陋的水泥隔墙。因为金库里的黄金是分别堆放在许多不同的储藏间里的。这里共有122个储藏间，其中最大的一间可堆放11万块金砖。堆起来有3米高、3米宽、5米多长。整个金库存放的黄金共有约2亿盎司（合5580余吨），价值700亿美元。

虽然联储银行保存着全球1/4的黄金，但这些黄金中只有约5%是属于美国政府的，其余95%属于世界60余个国家和国际机构所有。一般来说，每个国家或国际机构使用一间储藏间，但也有几个国家使用同一个储藏间的。有趣的是，在这些储藏间门上，像谜一样没有任何标志，因为藏金屋里的黄金砖归属都是绝对保密的，在纽约联储银行的数千名工作人员中，只有极少数的几个人才知道它们的真正主人，每个储藏间都要锁上三把锁，并由会计单独贴上封条。

金砖存入金库时，其入库手续也是很严格的，一般都必须由全副武装的警卫护送，

堆满金砖的金库

由专用电梯进入地下五层的金库，而这电梯是由专门的工作人员远程遥控的，在电梯里的警卫人员是操纵不了电梯的。而一旦进入金库，其安全就由银行工作人员负责，每个部门的成员在移动金砖或任何人进入金库时，他们都必须在场。所有进入金库的金砖在这里都须重新再称一遍。有趣的是，在科技高度发达的今天，这里的称重仍然是使用一人多高的天平，完全由人工手动操作。不过这外表看似笨重的天平，其精确程度却非常之高，据说误差在千分之一盎司之内。在工作人员验完了纯度，称好重量，编好了序列号之后，金砖才被放到一个个储藏间里。

四·恐怖的亚利桑那州金矿

在美国亚利桑那州，有一个称为迷信山的山区。这里荒草丛生，怪石狰狞，猛兽出没，到处是凶狠恶毒的响尾蛇。在山中的某一个不知名的地方，有座被人们称为"迷失荷兰人的金矿"吸引着无畏的探险者们。

1840年末，一位名叫伯塔的探险人深入山区，几经艰险，终于发现一处矿藏丰富的金矿，他仔细作了标记，以便终生受用。但深山里发现金矿的消息，还是被人知道了。从此，很多探金人一直想找到这处金矿，但很多人不是不幸葬身荒野，就是在途中惨遭印第安人的伏击而身亡。在通往这条神秘的黄金路上，障碍重重，充满恐怖。后来，有一位德国探险者华兹，终于找到了这处金矿。他经常在山上待上两三天，采集几袋高品质的金矿，然后神秘地潜回老家。

知道这处金矿地点的还有他的两个同伴，但后来他俩全被人神秘地杀害了，凶手是谁？不得而知。1891年，华兹死于肺炎，他在临终前画了一张地图，标明了这处金矿的位置。

1931年，一位名叫鲁斯的男子，通过种种途径弄到了这张不知真伪的地图。依图索骥，他进入了迷信山山区，然而他却一去不复返。6个月后，有人在山区发现了他的头颅，头上中了两枪，样子很惨。那么杀手又是何人呢？1959年，又有3位探险者在这处山区遇害，是谁杀了他们呢？毫无疑问，凶手肯定是这处金矿的知情者，他们试图保留这不成秘密的秘密。然而，这一切阻止不了倔强的寻宝人，因而，探险者的身影、枪声、血腥、响尾蛇、荒野的呼啸构成了亚利桑那金矿的恐怖，笼罩在迷信小山区的迷雾更加使人混沌不安。

第④章

名人与珠宝之情缘

一·英国女王珠宝知多少

伊丽莎白女王手持权杖

伊丽莎白女王佩戴蓝宝石钻石首饰　　　　　　英女王玛丽 安托尼特和她的世界最昂贵的 "Riviere" 钻石项链

　　英国女王伊丽莎白二世，是当今世界最富有的人，也是当今世界拥有最多珠宝的人。女王的财宝数以 10 亿英镑计。据说，女王的珠宝大都收藏在白金汉宫地下 12 米深的秘密贮藏室里。这个贮藏室的总面积足有一个溜冰场那么大。在她的收藏品中，光是镶满珠宝的王冠就不下 10 顶，那些名贵的钻石、珍珠、红宝石、蓝宝石更不计其数。

　　据说，女王喜欢将她的珍宝借给王室的年轻成员佩戴，让她们在重要场合，显示王室风采。如 1967 年沙特阿拉伯国送给女王的一串钻石项链，女王就让戴安娜王妃戴到澳大利亚去亮相。一个由 506 颗钻石组合的蝴蝶别针，是维多利亚女王之后，代代相传的宝贝，在安德鲁王子结婚后不久，女王就给莎拉王妃长期留用。

　　女王的珠宝不乏有价值连城者，但接近女王的人都知道，她唯独钟情的还是菲利浦亲王在结婚 5 周年纪念时为她设计的手环。

二 · 美国前第一夫人杰奎琳与珠宝

据说前美国总统肯尼迪的夫人杰奎琳是一位有品位的女人。她第一次不平凡之举，就发生在肯尼迪总统就职的典礼宴会上。那是一个严冬季节，那些权贵的夫人、太太们都穿上雍容华贵的毛皮大衣赴宴。然而，第一夫人却顽固地反对此举，她认为"穿上毛皮大衣，任何女人看起来都一样"。于是她决定一定要与众不同，她身着一套白绸紧身礼服，披上白色披肩，佩戴着从蒂芙尼那里借来的钻石项链，一身冷装打扮出场。她在宴会厅中，宛若白雪公主一样，举止高雅、彬彬有礼地穿梭在宾客之中，一下子就把媒体征服了。

如果说杰奎琳在这次活动中成功地表现了她的品位的话，那么在与伊朗王妃之间比宝之争中，她却失败了。那是在肯尼迪执政后的不久，伊朗王妃访问美国，要拜见总统和夫人。在伊朗王妃来访之前，杰奎琳就瞒着丈夫，偷偷地做扮装的准备，她把手头所有的珠宝都卖掉了，而买回一个18世纪典雅的钻石发插。在白宫举行欢迎伊朗王妃的宴会上，和佩戴着伊朗王室的钻石和鸡蛋般大小的祖母绿而全身金光闪耀的王妃站在一起，杰奎琳的一个小小的发插，显得黯然失色。

当肯尼迪总统遇刺身亡后，这位第一夫人改嫁了号称拥有世界上最多财富的希腊船王欧那西斯。船王为了取悦年轻美貌的妻子，频频向她赠送稀世珍宝。在给她的结婚礼物中，有以几十颗1克拉重的钻石围绕着一颗大红宝石的项链及耳环，价值120万美元。以后，在杰奎琳40岁生日时，船王又赠送与其年龄相称的40克拉的钻石项链，价值100万美元。不过这时杰奎琳的品位却变了，她没有用这些珠宝来装扮自己而是将其藏在了自己的保险柜中。

美丽的钻石项链

稀有的蓝钻石戒指

三 · 影星伊丽莎白 · 泰勒的珠宝风采

好莱坞巨星伊丽莎白 · 泰勒是一位最喜欢在公众场合佩戴珠宝，以其与宝石相辉映的风采迷倒大众的明星。影片投资人为了讨好伊丽莎白 · 泰勒，在由她主演的电影中，常常使用大批订购的珠宝，电影拍完之后，就当作纪念品赠送给她。在《驯悍记》一片中，她得到一只原属拿破仑姊妹的金手镯。在主演《青鸟》片时，她在托彻斯特的珠宝店看到一只以红宝石和蓝宝石缀成的青鸟就愣愣地央求："卖给我吧！"引起了影片投资人的大骚动。泰勒的丈夫理查 · 波顿更是毫不吝惜地打扮妻子，他送给她作为结婚纪念的克鲁伯钻石重达 33.9 克拉，价值 30 万美元。后来又买了一条 16 世纪西班牙国王赠给美亚力女王的珍珠项链，价值 3.7 万美元。以后，又通过加尔帝，购到了被称为"直布罗陀之岩"的重达 100 克拉的大钻戒，其价值为 100 万美元。可是，令这位不惜重金打扮妻子的丈夫遗憾的是，数年之后，伊丽莎白 · 泰勒卖掉了"直布罗陀之岩"，作为其第六任丈夫 —— 约翰 · 渥拿参议员的竞选资金。这颗钻石因伊丽莎白戴过，也身价暴涨，以 250 万美元卖出。

四·影星"爱神"的 16 公斤钻石和珠宝

棕发细眉、风姿绰约的丽泰·海沃思是美国好莱坞 20 世纪 40~50 年代的著名影星。1937 年，她在爱情片《天使的翅膀》中担任角色就初获成功。1941 年，她在《血腥的斗牛场》中扮演女主角，一举成名。当这部影片在埃及开始上演时，在观众中引起巨大的轰动，一位穆斯林王子阿里·汗打断观众浪涛般的掌声郑重地宣布："我一定要会见这位完美无瑕的天使。"1946 年，丽泰在她主演的爱情歌舞片《希尔达》中，身着黑色紧身、袒胸露臂的丝织连衣裙，以那甜美婉转的歌声、优美的舞姿、楚楚动人的表演，把观众带入如痴如醉的境地，使这部影片获得空前的成功，影片也把她推上了影坛的顶峰，成为影迷心目中的"爱神"。1949 年 5 月,也就是阿里·汗王子宣布要会见这位天使的话七年之后，丽泰·海沃思真的成了王子的"天使"。婚礼上，印度和一些非洲国家以阿里父亲 7 千万信徒的名义，向丽泰·海沃思赠送了 16 公斤的钻石和其他珠宝。阿里献给她 3 万朵玫瑰花，在游泳池里灌满了法国香水，丽泰·海沃思犹如进入了瑶池仙境。

晶莹剔透的钻石

五·世界上最奢侈的女人伊梅尔达

菲律宾前总统马科斯夫人伊梅尔达是世界著名的前第一夫人。她的出名，不只是因为她美丽漂亮，能歌善舞，能言善辩，广交政坛人物，扶持夫婿从一名小小官吏，青云直上至国会议员，乃至国家元首，以致名扬天下。当了总统夫人之后，她毫不手软，利用权势、不择手段、竭尽贪污受贿之能事，拼命敛财，火山爆发式地暴富，家产从几十万美元魔术般地变为100亿美元，既而过着世界上最豪华、最奢侈的生活。

公平地说，伊梅尔达还算是一个敢作敢为而且敢说实话的人。自从1986年马科斯政府垮台之后，她已经很少露面了。但在年近80岁时，这位贵夫人却主动地接受了俄罗斯《证据与事实》周刊特约记者的采访，坦诚地回答了记者提出的许多很尖锐的问题。例如：记者问她，听说你很喜欢澳大利亚的沙子，你曾把它运回菲律宾铺垫在自己的私家花园里，是吗？她说：没有这个事，但是我确实很喜欢澳洲的沙子，如果我认为我需要的话，我会这样做的。这个回答，显然是很坦诚的。记者还问她：听说你有一次在纽约购物时，一次就花了500万美元，是吗？她回答很肯定，她说：是的！这有什么可大惊小怪的呢？这是区区小事，我花的是我自己的钱。她还主动告诉记者。她说：有一次，我在伦敦的一家礼品店相中了一条项链，但是，店家却不肯卖给我，说是被另一个买主预定了，没有办法，我只好买下整个商店。记者说：这不是很浪费吗？伊梅尔达说，不，我得到了我所要的东西，怎么能说浪费呢？

记者还问她，听说你有许许多多的珠宝，如项链、戒指、手镯等等，据说这些珠宝重达100公斤，是吗？伊梅尔达没有否认，但也没有正面回答这个问题。她说：我确实非常喜欢珠宝，但革命之后（指马科斯政府被推翻之后）什么也没有给我留下，对此，我不屑一顾，我已经定做了所有我喜爱的饰品的复制品。我崇尚美丽，我的人生座右铭是"明天的你应该比昨天更美丽"。我错就错在当了第一夫人还要把自己扮得光彩照人。

上面的例子，只反映了伊梅尔达花钱如流水、一掷万金毫不在乎的事实。那么说她是世界上奢侈第一人，那她的奢侈又到了什么程度呢？让我们来看看她的家底

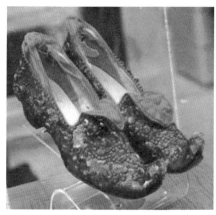 

真正的红宝石鞋　　　　　　　　　　　　全球最贵的钻石鞋

吧！据报道，在她豪华的居室里，名贵的法国香水挤满了她的梳妆台。她用的洗脸盆是镀金的。在她宽大的衣橱里，挂满了几万件欧洲名贵服装。她有 5000 条裙子，3000 多双名贵皮鞋，高档手套 2000 副，名贵小拉包 1700 多个、短裤 5000 条，高级胸罩、袜子不计其数。结婚时购买的 11 克拉大钻戒一枚。现在戴在手上的 22 克拉的大钻戒一枚。还有报道说，她的丈夫在瑞士银行存有黄金 1241 吨。这是何等惊人的数字啊！这就是说，马科斯夫妇拥有一座金山！

记者问伊梅尔达，你花钱如此大方，生活如此奢侈，这就是第一夫人的作风吗？伊梅尔达毫不犹豫地回答说，这是我的工作。我每天要出席许多社会活动，我不能总穿同样的衣服、鞋子呀？否则，国王看到了会不高兴的。我每天最少要换 7 次裙子，有时甚至 10 次。可惜的是，总统下台后，我的大部分裙子都被收缴了，现在只剩下1000 件了。且看，奢侈有理呢！

中国有句古语"三十年河东，三十年河西"，沧海桑田，世界在变化！著名的风云人物，如今已风光不再。马科斯下台后，菲律宾新政府对伊梅尔达提出了 900 多项贪污受贿罪的控告，但是，由于他们的财产分散在世界各地，法院很难查清，一条一条罪状都因证据不足而一项一项地撤销了，现在只剩下 10 项罪名仍在审理之中。

有趣的是，号称"世界第 2 贪"的夫人，现在手上还戴着价值连城的 22 克拉大钻戒的伊梅尔达，也学会了猫哭老鼠的游戏。她对媒体哭穷说：我现在穷得很呀！我连看病的钱都没有啊！

六·富可敌国的和珅珠宝

和珅是我国历史上一位著名的宰相，深受乾隆皇帝重用，他同时身任数十个重要官职，无限的权力。广泛的权势，为喜好敛财的和珅提供了大肆搜刮财富的机会，以至造就了我国历史上最大的贪官。他的家产知多少？请看清末著名外交家薛福成所著《庸庵全集》中一节（查抄和珅家产清单）所记录的就知道了。

房屋 3000 间；

田地 8000 顷；

银铺 42 处；

当铺 75 处；

赤金（纯金）6 万两；

大金元宝 100 个（每个重 1000 两，合计 10 万两）；

小银元 56600 个（每个重 100 两，合计 566 万两）；

银锭 9000 万个；

洋钱 58000 元；

制钱（铜钱）150 万文；

吉林人参 600 余斤；

玉如意 1200 余柄；

珍珠手串 230 串；

桂圆大的珍珠 10 粒；

大红宝石 10 块；

大蓝宝石 40 块；

银碗 40 桌（一桌 10 个）

珊瑚树 11 支（每支高 1 米以上）；

绸缎纱罗 14300 匹；

毛呢哔叽 20000 板；

狐皮 850 张；

貂皮 850 张；

粗细皮 56000 张；

铜锡器 361000 件；

名贵瓷器 10 万件；

镂金八宝炕床 24 座（床）；

西洋钟 460 座；

四季好衣服 7000 件。

满箱的金砖金元宝

查抄时把和珅家产编了 109 个号，其中 26 个号已估价，其总价值为 2 亿 6 千 4 万两白银，还有 83 个号没有估价，如果按估价再算，应该有 8 亿多万两白银的价值，那就是说，和珅的家产共值 11 亿两白银。这 11 亿两是个什么概念呢？当时清朝政府每年国库收入为 7000 万两白银。15 年的国库收入才相当于 11 亿两白银。

银元宝

七·慈禧太后的珠宝情缘

人们都知道在中国历史上，慈禧太后是一位权力无边的皇太后。但是很多人并不知道，慈禧太后又是一位爱玉成癖，生前生活不离玉，死后身不离宝的珠宝皇太后。

慈禧太后居住在富丽堂皇的西宫里。宫里的陈设，除那些价值连城的古董、大青花瓷瓶外，就是那许许多多精美无比的玉山子、玉屏风、玉如意等等。且看看慈禧太后的日常生活：她头戴缀满珍珠翡翠的凤冠；手戴玉镯，指戴玉环，有几个手指戴有三寸长的玉指套。她用食时，她的食品要用玉盘盛，进食用玉筷，喝茶用玉茶碗。她每日还用玉棍搓面以使其脸容光滑细嫩，红颜永驻。她生前到底拥有多少珠宝，尚没有人统计过，她死后殉葬的珠宝，幸好有《爱月轩笔记》记载。据称，她头顶一翡翠荷叶，叶满绿筋如天然一般，重二十四两五钱四分，制价二百八十五万两银。口含一颗夜明珠，脚下有翡翠西瓜两个，绿皮红瓤，白子黑丝，估价五百万两银。翡翠甜瓜四枚，白皮带子，粉瓤者两个，红皮白子带瓤者两个，估价值六百万两银。另有佛一百零八尊，其中金佛、玉佛、红宝石佛和翡翠佛各二十七尊，每尊重六两。此外还有红宝石朝珠一串，红宝石杏六十个，红宝石枣四十枚。还有翠桃十个，绿色桃身，粉红色桃尖，与真桃极为相似。还有翡翠白菜两颗，绿叶白心，在菜心上落着一只满绿的蝈蝈。绿色的叶旁，有两只黄色的马蜂，栩栩如生。其估价值一千万两白银。至于珍珠，多得可用斗量，估计有数万粒。用它们制成珍珠冠、珍珠袍褂、珍珠被、珍珠褥等等。用如此之多的珠宝作为殉葬品，慈禧太后恐怕是古今中外第一人了。

鲜活嫩绿的翡翠白菜

八·中国古代的珊瑚富翁石崇

在我国西晋时期，当时的京都洛阳有两大富豪。一个是当朝皇帝晋武帝的舅父、后将军王恺；另一个是散骑常侍石崇。石崇曾做过荆州刺史，在此期间，横征暴敛，大量搜刮民脂民膏，甚至还干着拦路抢劫的勾当，因此，掠夺了无数的钱财和珠宝。当他从外地来到京都任职之后，听说王恺富豪出名，于是他决定要与他比个高低。

因此，一场别开生面的斗富比赛开场了。经过最初的几轮比富较量之后，石崇已占了上风，但王恺不服，于是他向外甥晋武帝求助。晋武帝觉得他们比富很有趣，就把皇宫里珍藏的一株二尺多高的罕见珊瑚赠给了王恺，以助其一臂之力。王恺得到此宝物，心里非常高兴，认为这下一定可以把石崇比下去了。于是，有一天他精心安排了一个宴会，特邀石崇和许多官员到家里来饮酒观景。在宴会上，王恺非常得意地对大家说，我家有件罕见的珊瑚珍宝，请大家来共同观赏。于是，令侍女将晋武帝赐给他的那株珊瑚抬出来。众人见此珊瑚，色泽粉红艳丽，枝条匀称美观，于是赞不绝口，都称是件无价之宝。然而，只有石崇一人不以为然，他冷笑一声，顺手从桌上操起一支铁如意朝这株大珊瑚树砸了过去，只听得"咣当"一声，这株珊瑚被砸得粉身碎骨。顿时，人们都大惊失色，王恺更是气得暴跳如雷，大声嚷道："你……你疯了？你毁了我这无价之宝、你赔得起吗？"这时，石崇却嬉皮笑脸地说："用不着生气嘛！我还你就是了。"他立刻命随从回家，把他家的几十株上乘的珊瑚都搬来，任王恺挑选。这些珊瑚中，高三四尺的有六、七株，大的比王恺的要高出一倍多。株株枝条挺拔秀丽，光彩夺目。在场的官员都看呆了。这时，王恺才知道，自己根本就不是石崇的对手，石崇的钱财珠宝比自己不知要多多少倍，只好服输。

美丽的红珊瑚树

第 **5** 章

我国古今珠宝之谜

一·我国古代隋珠之谜

我国古代最著名的两样珍宝，一件是和氏璧，一件就是隋侯之珠。《淮南子·览冥训》载："譬如隋侯之珠，和氏之璧，得之者富、失之者贫。"隋和二宝并提，说明隋侯之珠的贵重。

隋珠的由来，有着一则神话般的故事。相传，古时有一次地处汉水之东的姬姓诸侯之一的隋国国君隋侯出游，在隋县（今隋县）溠水边的一个小山丘上，看见一条大蛇被斩断尾巴，血流如注，奄奄一息。隋侯觉得这条蛇很有灵性，便命令左右用药敷贴它的伤处，大蛇得以复活后就游走了。这个山丘，后来就被人称为断蛇丘。第二年，隋侯再出游到达此地时，大蛇衔来一颗明珠献给隋侯，以报答救命之恩。这颗明珠大约径长 1 寸左右，色纯白，晚上能像明月一样，放出淡淡的光芒，甚至可以照亮房间。后来，这颗明珠就被称为"隋珠"、"明月珠"或"断蛇珠"。

隋珠的传说，带有浓厚的神秘色彩，所以未免冲淡了其存在的真实性。不过，大凡奇珍异宝，都会有神秘、怪诞、离奇的故事，不足为奇。在与隋侯差不多同一时代或稍晚的一些古代名家，如墨子、庄子等人，都曾谈到过隋珠。说明隋珠应确有实物。至于隋珠到底是什么宝玉？有人认为是珍珠，有人认是会发出磷光的宝石。近年来，湖北地矿局的郝用威高级工程师，根据桐柏地区已先后发现 40 余颗钻石的

我国最大的夜明珠

事实，推测隋珠可能是钻石。西安交通大学霍有光先生根据我国古代的琉璃制造技术及考古资料认为隋珠是琉璃珠。而张庆麟先生又根据有的细菌会发光的事实认为隋珠可能是被发光细菌感染了的珍珠，也可能是鱼目、鱼骨之类的制成物。根据矿物发光性能的特点，自然界能发生磷光的矿物只有钻石和萤石两种。自古以来，中国尚未发现过有像隋珠那样大小的钻石，所以，作者推测，隋珠是萤石的可能性较大。总之"隋珠"，这件中国历史上最著名的珍宝之一是何宝玉仍然还是一个千古之谜。

二·中国古代和氏璧之谜与探秘

"和氏璧"由于和氏三献玉璞、"完璧归赵"和"传国玺"的传奇故事，使我国人民自古至今都家喻户晓，它是我国第一珍贵的文物，也是我国最著名的珍宝。但是，由于和氏璧实物早年失落，使和氏璧产于何处，和氏璧的存亡下落，和氏璧是何宝玉等一系列疑问，成为千载难解之谜。

【和氏璧的由来】 关于和氏璧的最早记载，见于《韩非子·和氏》书中。"楚人和氏得玉璞楚山中，奉而献之厉王。厉王使玉人相之，玉人曰：'石也。'王以和为诳而刖其左足。及厉王薨，武王即位，和又奉其璞而献之武王，武王使玉人相之，又曰：'石也。'王又以和为诳而刖其右足。武王薨，文王即位，和仍抱其璞而哭于楚山之下，三日三夜，泣尽而继之以血。王闻之，使人问其故，曰：'天下之刖者多矣，子奚哭之悲也？'和曰：'吾非悲刖也，悲夫宝玉而题之以石，贞士而名之以诳，此吾所悲也。'王乃使玉人理其璞，而得宝焉，遂命曰'和氏之璧。'"

【和氏璧的特征】 由于古时对宝玉石的研究程度很有限，加之和氏璧刻为传国玺之后，能见到的人又很少，所以有关和氏璧原貌如何的记载极少，仅见有几则。

晋·葛洪："汉帝相传以秦王子婴所奉白玉玺。"

唐·杜光庭："岁星之精，坠于荆山，化而为玉，侧而视之色碧，正而视之色白。卞和得之献其王。"此处"碧"，即是青色或青绿色。

元·陶宗仪录崔或笺云："色混青绿而玄，光彩射人。"

以上记载说明和氏璧理璞之后其颜色是白色，或者正面看时为白色，侧面看时是青绿色，并有光彩。

【传国玺的下落】根据古籍记载，到楚威王时，和氏璧被赏赐给楚国当地的相国昭阳。在一次宴会上，此璧被盗，后来赵国太监缪贤花了500两黄金购得，并将它献于赵惠文王。秦昭王听说和氏璧在赵国后，说他愿以15座城池换璧。赵国宰相蔺相如奉璧去见秦王，以他能言善辩的才智和胆识，演出了一场"完璧归赵"的千古绝唱。后来，秦灭赵，获和氏璧，秦始皇下旨把和氏璧制成玉玺，并命李斯篆书"受命于天，既寿永昌"，让玉工孙寿刻于其上。后刘邦灭秦，得此玉玺，令将其作为传国玺。此后，

传国玺为最高权力的象征，也成为各代统治者竭力争夺的对象。从史实记载，传国玺所经历的朝代是西汉—东汉—魏—前赵—东晋—宋—南齐—梁—北齐—周—隋—唐。公元936年，石敬唐攻克洛阳，后唐末帝潞王李从琦携玉玺自焚。从此，传国玺经历1140多年的刀光剑影、风云变幻的历程后失传。

玉玺

【和氏璧属何宝玉】最早对和氏璧提出科学见解的是我国老一辈的著名地质学家章鸿剑先生。1927 年章先生在《石雅》中，根据杜光庭《录异记》中和氏璧"侧而视之色碧，正而视之色白"的记载，首次提出和氏璧是月光石或绿松石的推测。同时，指出其产地可能在湖北南漳。此后，少有人再对和氏璧进行探谜。近几年来，随着我国珠宝业的兴起，人们又开始对这一中国名宝感兴趣起来。其中，对和氏璧研究比较深入的有湖北地矿局郝用威高级工程师，他根据大量的古籍记载和渊博的地质学知识以及丰富的野外实际经验，在《和氏璧探源》中，认证和氏璧为月光石而非绿松石，产地大致在鄂西北的神农架一带。对和氏璧提出见解的还有西安交通大学的霍有光先生，他在《和氏璧改琢传国玺质疑》一文中，认为传国玺为蓝田玉所琢。李强先生在《和氏璧应是绿松石》、《和氏璧绝非绿松石吗》和《和氏璧探谜》三篇论文中，坚定地认为和氏璧应为绿松石。内蒙古地矿局地研队李海负先生在《和氏璧是拉长石吗》一文认为，和氏璧不是拉长石，也不是蓝田玉，而是绿松石。最近看到，徐作生先生著的《中外重大历史之谜、图考（第二集）》一书中，对传国玺的来龙夫脉有十分详细的论述，其结论认为"玺的材料是用蓝田玉制成的"。

除上述观点外，尚有认为和氏璧是软玉、独山玉等等。总之，对和氏璧为何种宝玉的推测包括有：月光石（拉长石）、绿松石、蓝田玉、软玉、独山玉。认为是绿松石和月光石者居多。

【揭开和氏璧谜底的关键】从诸多古籍有关和氏璧的记载以及上述学者对和氏璧的研究、分析、论证中，似乎可以理出以下几条解谜线索。

1. 和氏璧原石是有璞的。熟悉地质学的学者都知道，宝玉石原石中，有璞的只有少数几种玉石，如绿松石、翡翠、软玉、玛瑙、蛋白石（有变彩效应的称为欧泊）、玉髓等。

2. 和氏璧有变彩效应。变彩效应是指从不同方向观看宝石时，其颜色呈现不同的现象。变彩与变石不同，变色是由照射光源改变，引起吸收光谱的变化而产生颜色变化的现象，如变色宝石在阳光下呈绿色，在灯光下呈红色。

产生变彩的原因有两种。一种是被观察的物体中含有不同颜色的其他物质所致，如含有氧化铁一类红色物质的夹胎玛瑙，就有变彩现象。李时珍《本草纲目》中就有描述："正视莹白，侧视则若凝血，一物二色也"；另一种是由于被观察的物体内部结构中，球状物质和其间的空隙在三维空间有规则地排列，光进入物体后产生衍射的结果。就我们所知，有变彩效应的宝玉石仅有：极少数的玛瑙、玉髓、月光石、拉长石和蛋白石（欧泊）。

3. 和氏璧怕热，不能耐高温。这是从"潞王携以自焚，则秦玺固已毁灭"得出的结论。我们知道，绝大多数的宝玉石均能抵抗比较高的温度，只有绿松石、蛋白石(欧泊)、珍珠等少数含较多水分的宝玉石遇热容易烧毁。

4. 和氏璧是白色的。晋·葛洪："汉帝相传以秦王子婴所奉白玉玺"为证。

5. 和氏璧产于楚山。关于楚山的所在地，经众多学者的考证，意见基本一致，楚山即荆山山脉，位于今鄂西北地区。今鄂西北地区产有绿松石、玛瑙、玉髓、蛋白石。据认为有形成拉长石的地质条件，但尚未发现有拉长石宝石。

6. 和氏璧之所以珍贵，必为产出的稀有之珍宝。

结论：和氏璧是有变彩效应的蛋白石。

根据前述的解谜 6 条线索，因此：

1. 和氏璧不可能是月光石，因为月光石是没有璞的。

2. 和氏璧也不可能是绿松石，虽然绿松石有璞，但绿松石是绿色的，也无变彩效应。而且古人早就认识绿松石，距今 3800 多年前的甘肃永靖大何庄的出土文物中就有 20 枚绿松石饰品。另外，鄂西北地区绿松石产地较多、藏量丰富、埋藏较浅、较易获得，因而并不稀罕。

3. 和氏璧也不可能是软玉，因为软玉没有变彩效应，而且软玉也是古老玉种，楚时玉人不可能不认识软玉。另外，鄂西北地区尚未发现产出软玉的地质条件。

4. 和氏璧也不可能是独山玉和蓝田玉，因为它们均是颜色较深的玉种，也没有变彩效应，而且已知的独山玉和蓝田玉产地也不在历史上的楚国境内。

那么，和氏璧应该是何种宝玉呢？作者的结论是：一块在鄂西北地区罕见的有变彩效应的蛋白石或混有绿玉髓的蛋白石。其理由和根据是：

1. 这种玉石有璞，所以玉人不理其璞不识其真容。

2. 这种玉石是白色的，符合"汉帝相传以秦王子婴所奉白玉玺"之说。

3. 这种玉石有变彩现象。前面提到过，夹胎玛瑙有"正视莹白，侧视则若凝血，一物二色"的变彩现象。含有绿玉髓的蛋白石，由于蛋白石多为微透明至不透明，故可出现"色混青绿而玄"或"侧而视之色碧，正而视之色白"的现象。

4. 蛋白石含 1% ～ 21% 的水，因此蛋白石受热容易烧毁，这符合"潞王携以自焚，则秦玺固已毁矣"的史实。

5. 根据地质资料和有关报道，在鄂西北神农架地区有形成玛瑙、玉髓和蛋白石的地质条件，并且已发现有玛瑙、玉髓、蛋白石的产出。

　　人们会问，蛋白石不是很普通的矿物吗？怎么可能会成为千古之谜的无价之宝呢？是的，和氏璧不是普通的蛋白石，它的确就是在众多普通蛋白石中一块千载难遇的、有变彩效应的特殊的蛋白石。

　　也许读者们还有一个不解之谜，那就是连朝廷里的宝石专家都不认识的一块玉石，何以卞和就敢冒死，一而再，再而三献此外面裹着皮的这一块玉石呢？卞和是怎么认定这块其貌平凡、不见其里的石头就是一块价值连城的稀世美玉呢？读者们肯定有许许多多自己的答案。作者认为：实际上卞和不是只捡到一块献王的这块玉。在这之前，他肯定还捡到过另一块与之非常相似，而且已经被他剖开证实是玉质非凡的美玉。也许这就是卞和敢于冒死献宝玉的原因。

三·布达拉宫中的珠宝秘闻

西藏拉萨的布达拉宫，以其雄伟壮丽的建筑早已闻名于世，它是中国藏民族几千年文明史的象征和缩影，被誉为世界文化宝库里的一颗灿烂夺目的明珠。

布达拉宫中的灵塔，是宫内最辉煌、最受信徒崇拜的地方。灵塔，就是保存达赖喇嘛法体的建筑。宫内共有八座灵塔，其中以五世达赖喇嘛的灵塔最大，它高近 15 米，塔身用金箔

壮丽的布达拉宫

包裹，共用黄金 11 万余两，并镶嵌着 15000 余颗钻石及其他各种宝石、翡翠、珍珠等，是名副其实的宝塔。

布达拉宫可谓是佛的世界，其内的大小佛像不计其数，较著名的有隋代和唐代的释迦牟尼木雕像，明代的金制释迦牟尼像。另外，还有大量的金、银、铜、玉、犀角以及泥质制成的佛像和佛教大师们的塑像。

布达拉宫又是经书的世界，宫内藏有印度已失传的贝叶经，有用金粉书写的大藏经《甘珠尔》（佛经部）和用几种金银珠宝缮写的大藏经《丹珠尔》（佛经注疏和百科全书）。宫内还保存着许多藏汉民族关系的历史文物，包括清朝册封达赖的金印、金册和玉册等等，这些都是价值连城的珍宝。

四·蒋介石带到台湾的财宝知多少

我们都知道，蒋介石在逃离大陆时，把大量的财宝抢运去了台湾，但他到底带走了多少财宝，可能知道的人并不多。还有一问题，就是到底是谁当年提出要把国民政府撤到台湾去的呢？恐怕知道这一秘密的人就更少了。现在让我们慢慢来揭开这两个谜底吧。

在国民党政府已经丢了半壁江山，蒋家王朝已经摇摇欲坠的时候，蒋家父（蒋介石）子（蒋经国）为战局的节节败退心急如焚，像热锅上的蚂蚁一样，不知如何是好，退路在何方？暮途在哪里？

民国三十七年（1948年）6月26日，奉命在上海"打老虎"（反贪污腐败行动）的蒋经国，经过深思熟虑，以"先蒋家天下之忧而忧"的理念，向父亲写了一封直言相谏的"救国救党"的颇有政治谋略的信。信中说"我政府确已面临空前之危机，且有崩溃之可能。除设法挽回危局之外，似不可不做后退之准备……，万一遭受失败，则非台湾似不得以立足"。蒋介石收到信后，面对国民党军队兵败如山倒、败局已定的局面，经过痛苦的反复思考，终于在夏末秋初之时，也就是收到儿子蒋经国来信的两个月后，断然决定后撤台湾，作为后方，在那里休养生息，等待国际形势，伺机"反共复国"。

蒋介石是行伍出身，当然谙熟兵法中有"兵马未动，粮草先行"的法则，于是蒋介石暗下密令，在展开的后撤行动中，以撤运国库黄金和故宫国宝为先导。

经过一系列的密谋之后，蒋介石任命俞鸿钧负责执行转运黄金、银元、外币的任务。此人是蒋介石的亲信，曾任上海市财政部部长、中央银行总裁。

毛公鼎（西周，台北故宫博物院）

　　1949 年 2 月 14 日，一架从香港飞来的飞机在上海虹桥机场降落，由于战事紧张，机场由重兵把守，机场内外宪兵三步一岗，五步一哨，对往来旅客悉数严格搜查。头戴一顶黑色礼帽，身穿一袭黑色风衣，鼻梁上架着一副金丝眼镜的俞鸿钧，一出舱门就被执行任务的宪兵们盯上了。他们把俞鸿钧引至候机室进行审问。俞鸿钧介绍了自己的身份，但却拿不出任何证件和证明，空口无凭，宪兵们怎么能相信呢？无奈之下，他只好向宪兵提出和上海警备司令的汤恩伯联系一下。在电话机房守候多时后，终于和汤恩伯通上了话，汤恩伯立即派车到机场迎接。俞鸿钧在汤恩伯的帮助下，绕过了财政部长兼中央银行总裁刘泗业，直接与自己的原来旧属取得联系，转达了蒋介石转运黄金的旨意。这批旧属获知老长官的来头和来意后，立即采取行动，将藏在中央银行的黄金、银元、外币做了明细账，并和俞鸿钧一道研究安全、可靠的运出方案。

安排妥当后，俞鸿钧立即向蒋介石报告。蒋介石没有让俞鸿钧继续执行任务，而是立即致电曾是自己机要秘书，时任联勤总部财务署长的中将吴嵩庆在上海秘密组织运送工作，并指令，所有这些硬通货，全部交由蒋介石掌握，吴嵩庆只对蒋个人负责，在上海运送过程中，不得有误。

2月18日黄昏，一艘外表破旧的海军军舰接到海军司令桂永清的密令后，停泊到了上海外滩中央银行附近的码头旁边。午夜，在一片细雨蒙蒙中，一群由海军士兵化装成的民工进入中央银行，不声不响地将一箱箱黄金运上了军舰。凌晨4时许，装运完毕，这艘军舰在神不知鬼不觉的情况下，偷偷地驶出了吴淞口，继而以最快的速度向东南方向驶去。

20日中午，这批黄金运抵台湾基隆港，当晚台湾省主席陈诚发出电报给仍在上海的俞鸿钧：货已收到。随即俞把这个消息告诉蒋介石。这时，他们才舒了口气，他们的抢运计划成功了。

几天后，还是这条运黄金的军舰又将存在上海中央银行的银元、美钞，运到了厦门，在厦门停留几天后，才将它们运到了台湾基隆。

到此，蒋介石打算运走的财产都运光了，那么它们到底有多少呢？谜底就是：黄金92万两（其中属于蒋介石私人贮藏的有2万余两），银元约3000万元，美元

8000 万元。与此同时，宋、孔两大家族也把他们那富可敌国的财富，约 20 亿美元存入了美国花旗银行和大众银行。

散氏盘（西周，台北故宫博物院）

关于这批财产到底是多少还有另一个"版本"：

2009 年 12 月 17 日，蒋介石的"总账房"吴嵩庆之子吴兴镛，在父亲逝世多年后，无意中发现其留下的绝密"军费密记"，经过十余年的研究写成了《黄金秘档—1949 年大陆黄金运台始末》一书出版。书中透露，运台黄金分六批运送的经过。

第一批，1948 年 12 月 1 日午夜，在时任中央银行总裁的俞鸿钧主持下，将 260 万两黄金，400 万块银元，自上海运往台湾。

第二批，96 万两黄金由吴嵩庆用军舰运往厦门。

第三批，1949 年 2 月 8 ～ 9 日，60 万两黄金空运台北，吴嵩庆可能参加此项工作。

第四批，1949 年 8 月，汤恩伯将近 20 万两黄金运往台湾，吴嵩庆参加了此项工作。

第五批、第六批，1949 年 8 月，有近 20 万两黄金从美国运到台湾。

先后被蒋介石运走的财宝的总价值约为 700 万两黄金。其中 400 万两左右为黄金，其余是银元、外汇等。

吴兴镛认为，运往台湾的 400 多万两黄金中，其 140 万两又等于"运回"了大陆各地，其中 80 万两用于内战开销，60 万两用于大陆的行政开销。留在台湾的大约 200 万两用到了支撑"新台币"发行的币信上，另外一部分作为"新台币"的准备金。迄今，运台黄金，大致还有 100 万两左右，留在台湾的"文园国库"。

在抢运这批财宝过程中，还有一个小插曲值得一书。

这批黄金运抵台湾之后，理财精明的蒋介石要看看清单，看着看着，他突然想起还有一箱存放在中央信托局的珠宝没有运来，于是，他当即命令自己身边的儿子蒋经国，迅速办理此事，将它运到台湾来。这箱珠宝系日军侵华期间，一些汉奸、走狗们非法搜刮民间而来的，抗战胜利后，国民政府返都南京，对汉奸进行逮捕、收审、没收其财产，因而他们攫取的珠宝落入蒋介石政府手中。

蒋经国领令后，迅速潜入上海，执行他父亲给他下达的任务。可是他的行踪和目的，很快就被时任代总统的李宗仁的手下侦探知道了。李宗仁立即下令，中央信托局必须把这箱珠宝妥善保存，没有他的手谕，任何人不得动用。并将该箱珠宝的保管人调离上海并派到香港，从事其他工作。这就使蒋经国就是找到中央信托局，也找不到这箱珠宝的保管人，也不知珠宝在何处。

蒋经国无功而返，为了给自己下台阶，他对其老子说："据所知情形，这箱珠宝已经用了不少，剩余的东西，仅值二三千万美金，我们何必为此区区之物，同人家伤了和气。"蒋介石听了非常生气，指责蒋经国道："你懂什么，到了台湾，当军队粮饷发不出的时候，就是一块美金也是好的。"蒋经国被斥责得面红耳赤，无言以对，只得再作努力。毕竟姜还是老的辣，小蒋还是斗不过老李（宗仁），最终还是没把这箱珠宝取出来，蒋介石为此很不高兴，对李宗仁的仇恨又增了一笔。

蒋介石从大陆带走的财宝分为两部分：一部分是金银、外币，另一部分是珍贵文物。前面，说了第一部分，现在来说他带走珍贵文物的情况。

从1947年冬开始，国共战争形势发生了根本性变化，解放军节节胜利，国民党方面感到生死存亡的严重威胁已经到来。从战事溃败的那天起，蒋介石就对故宫文物虎视眈眈，极其关注，深恐落入共产党手中。这时，国民党政府不得不作出决定，把暂存在国立故宫博物院与国立中央博物院的文物分批抢运到台湾。经过秘密协商，国民政府成立了由时任教育部长的杭立武为国宝搬迁主导者的国民党文物联运机构。故宫文物太多，究竟要运走多少？抢运的标准如何定？经过缜密研究决定：以挑选精品、珍品为原则，以先运走故宫博物院的800箱为目标，并以当时参加英国伦敦艺术展的 80 箱文物为主,其余单位各自挑选最精要的文物和档案带走。

那么,蒋介石国民党政府要抢运到台湾去的珍贵国宝文物都是些什么东西呢?
这事要从 1931 年九一八事变发生后,"国宝南迁"说起。九一八事变,日本侵华野
心原形毕露,东北失守,华北岌岌可危。当时的国民政府为故宫博物院的国宝安全
起见,决定将故宫博物院"三大馆"(即古物馆、图书馆、文献馆)的文物精品,
南迁至时为国民政府首都的南京。这批国宝,从 1932 年秋开始挑选、装箱,1933 年
2 月起运,历尽艰难险阻、跋山涉水、躲避战乱、迂回曲折、历时十多年,才于 1947
年 6 月到 12 月抵达南京。这些南迁国宝主要包括:

1. 故宫博物院古物馆的书画珠宝,主要包括:书画、玉器、瓷器、陶器、铜器、
金银器、景泰蓝、象牙、朝珠、如意、印章等等,其中珍稀书画包括,西晋、东晋、隋、唐、
宋、元、明、清名家佳作和清朝皇帝的御笔珍品,如王羲之《快雪时晴帖》、米芾《蜀
素帖》、范宽《溪山行旅图》、高宗弘历《御笔诗经图》、黄公望《富春山居图》、

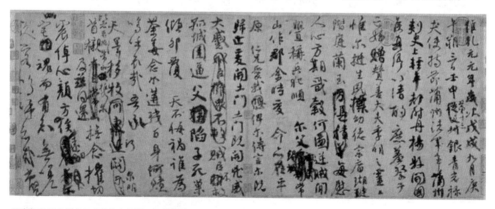

颜真卿祭侄文稿(唐,现藏于台北故宫博物院)

苏轼黄州寒食帖（宋，现藏于台北故宫博物院）

陈牧等人《清明上河图》等。其中的玉器，其品种之齐、品相之美、数量之多（计有 172 箱），令人难以置信，叹为观止。

2. 故宫博物院图书馆的古旧珍贵秘籍和古书，其中包括《四库全书》、《龙藏经》、《大藏经》、《古今图书集成》等，除此之外，还有大量的宋、元、明抄本、宋、元刻本、满蒙文刻本、佛经、乾隆石经等等。

3. 故宫博物院文献馆的宫廷秘档和史实类书籍，包括文档、册宝、图像、戏本、乐器、服饰、实录、圣训、玉牒、档案、起居注等等。

4. 故宫博物院秘书处选取的特藏珍玩精品，主要包括珠宝、玉玩、文具、皮衣、丝绸、盆景、钟表、玉牒、档案、家具等等。

迁移台湾的国宝文物，正是从这些国宝精品之中挑选出来的珍品中的珍品。

据担任抢运这批国宝的负责人杭立武本人回忆和记载：第一批运往台湾的国宝，是由海军部派出的中鼎轮号舰负责运输的。该舰于 1947 年 12 月 2 日从南京起航，于 26 日抵达台湾基隆港。在第一批文物中，故宫博物院有 320 箱，中央博物院 212 箱，中央图书馆 60 箱，中央研究院 120 箱，外交部 60 箱，共计 772 箱。1949 年 1 月 3 日，

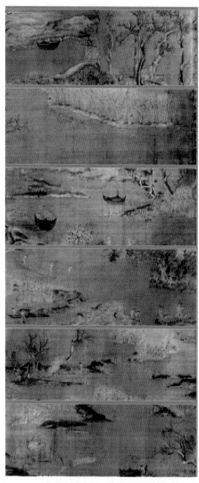

赵干　江行初雪图（五代。现藏于台北故宫博物院）　　　　范宽　溪山行旅图（北宋，现藏于台北故宫博物院）

黄公望 富春山居图（元，现藏于台北故宫博物院）

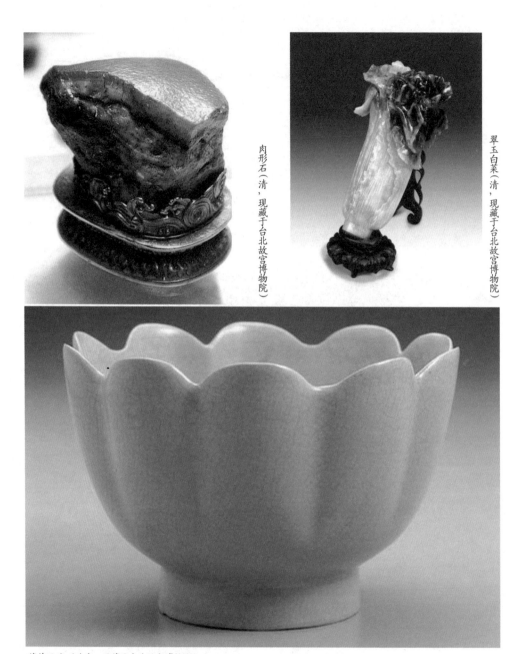

肉形石（清，现藏于台北故宫博物院）

翠玉白菜（清，现藏于台北故宫博物院）

莲花温碗（北宋，现藏于台北故宫博物院）

天青无纹水仙盘（北宋，现藏于台北故宫博物院）

杭立武找来招商局的海沪轮号商船，经过两天的日以继夜的装载，第二批文物全部装上船只，于 1948 年 1 月 9 日运抵基隆港。第二批文物中，故宫博物院有 1680 箱，中央博物院 486 箱，中央图书馆 462 箱、北平图书馆 18 箱、中央研究院 856 箱，共 3502 箱。1949 年 1 月 9 日，经各单位代表商议第三批文物又开始运往台湾。这批文物由海军部派出的昆仑舰护航，历时 1 个多月，于 1949 年 2 月 22 日到达台湾。这批文物包括，故宫博物院 972 箱，中央博物院 154 箱，中央图书馆 122 箱，共计 1248 箱。

综上所述，国民党从大陆运往台湾的文物总计为 5522 箱。需要指出的是，这些文物都是自古以来最贵重、最有特色的国宝珍品。本节给出了 11 幅图示，如毛公鼎、散氏盘、肉形石、翠玉白菜等是台北故宫博物院排名前十一位的镇馆之宝。

蒋介石运往台湾的财宝，就其钱财来说，其数目并不算极大，也许是，当年因为八年抗日战争，三年的内战，国库已经空了，并没有多少财物可掠取了。但是，对于仓皇逃到台湾去的 150 万军政人员来说，却还是一笔巨大的财富，蒋介石靠着它，支付了 150 万文武职员的工资、军饷，稳定了台湾的金融，控制了物价，在某种程度上为 20 世纪 60 年代台湾经济的起飞，奠定了很好的基础。

第 6 章

世界十大宝藏传奇

一·特洛伊宝藏

许多人从小就熟悉古希腊著名诗人荷马的名著《伊利亚特》史诗中的特洛伊战争的故事。那只大木马里面藏着许多精兵强将，一举攻下了十年攻打不下的特洛伊城的精彩情景，令人终生难忘。可是，许多人知道特洛伊木马的故事，可不一定知道特洛伊的宝藏之传奇。

德国考古学家亨里希·谢里曼是荷马的最忠实的读者，从小就受到《伊利亚特》的影响，立志长大以后一定要找到梦幻的特洛伊城。1863 年，36 岁的谢里曼，在积累了一定的经济基础后，决定弃商从学，全力投入考古事业，开始了他的寻找特洛伊古城的生涯。

三千年前的古城，经岁月沧桑之变，早已无影无踪，大海茫茫，高山丛丛，何处是特洛伊的踪影之地？根据《伊利亚特》史诗中的提示，特洛伊城在希腊的隔海对面，谢里曼决定首先到小亚细亚探察。在前往小亚细亚的途中，他拜访了英国驻土耳其领事弗兰科·卡尔弗特。卡尔弗特十分有把握地对他说，土耳其一座远离西北海岸的小城就是古特洛伊城，谢里曼将信将疑地来到这座小城。经过仔细考察，再认真对照荷马史诗的原文，他坚决地否定了英国领事的结论。因为荷马描述希腊人攻打特洛伊城时，他们的士兵往返于城门和停泊在海上的战船之间是很方便的。

因此，说明特洛伊城是距离海岸很近的海滨城堡，绝不是这个远离西北海岸的小城。于是，谢里曼返回海边而往北走。几天后，他发现一片三面环海的平地上有个叫做希萨利克的高岗。他环绕四周观望，心想这是多么美好的地方啊！如果我是特洛伊王，我一定会在此修建既美丽又安全的城堡。他怀着喜悦的心情，开始了他的考察。但他到处寻找，却找不到荷马所描述的特洛伊温泉和清清的流水。他有些失望了。他问附近的村民，这个地区有温泉吗？村民对他说，这里是火山地区，有温泉，但泉水会时有时无。听到此说，他非常高兴。

随后，谢里曼用步子测量高岗的周长，其方圆约三英里，正是一座宫城的大小，他心中的特洛伊城找到了。于是，他决定变卖全部家产，组织人力挖掘，梦想将三千年前用木马攻下的古城重见天日。挖掘工作进行了三年，从 1870 年到 1873 年。谁也没料想到，挖掘工作进展竟会如此顺利。破土不深，就发现了大量的工具、首饰、武器等等。不仅如此，随着挖掘工作往下加深，竟接连发现，这里不仅仅是一座古城遗址，根据不同时代文物的特点，而是两个时代、三个时代，乃至九个时代的古城遗址。尽管发掘的成果是如此辉煌，但是，谢里曼还是没有发现史诗中所说的特洛伊王有大量的黄金、象牙和珠宝的事实，这里是特洛伊城吗？谢里曼天天在现场跑来跑去，但日复一日的深入挖掘毫无所获。资金渐渐耗尽了，曾经兴趣十足，工作十分出色的挖掘工人们全都心灰意冷了。挖掘工作何去何从，需要认真思考的时候到了。谢里曼经过激烈的思想搏杀，面对残酷的现实，最后，他不得不做出痛苦的决定：结束挖掘，定期撤离。

神话故事中常常有许多这样的情景：在人身处绝境、毫无希望的情况下，会受到神灵的帮助，刹那间峰回路转，绝处逢生。这种情景又一次重演了。就在撤离前

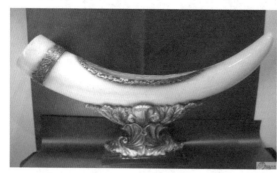

象牙

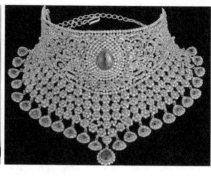

黄金珠宝项圈

的一天，谢里曼还是舍不得离开他曾千百个日日夜夜倾心的这块土地。

在他巡视到一条深沟时，突然被一个星火般的亮点吸引住了。他以不放过任何蛛丝马迹的考古学家的本能，迅速走过去看个究竟。当他把亮点附近的硬土刨开时，奇迹出现了，越刨亮点越来越多，继而，大量金块、象牙、珠宝像波涛一样滚滚涌现在他的面前。他被这突如其来的情景惊呆了。他不知道这情景是真实的还是幻觉？时间也凝固了，好像过了很长很长的时间，他才慢慢地缓过神来，这是真实的呀！他太激动了，他使尽全身的力气，高高地举起双拳，几近疯狂地高呼，我找到特洛伊宝藏啦！

1873年5月末到6月初，谢里曼在离地面8.5米的深处，发现的这批举世罕见的财宝共有8830件（其中包括253件单粒宝石）。这里有镂雕的六只小翁的精致饰针、以金穗线连接的小铲状的豪华耳饰、螺花纹样装饰的纯金手镯等。它们件件都是工艺精湛、巧夺天工的无价之宝。

谢里曼将这批土耳其宝藏悉数偷运出境，最初，他把它们藏在雅典，然后，又秘密转运到北欧，接着，他试图把它们卖掉。可是，由于这批宝藏文物的归属权和可靠性都存在疑问，欧洲的主要博物馆都不敢购买。这时，谢里曼清醒地认识到，对他来说，于名誉的渴求远甚于金钱。1881 年，谢里曼做出了一个伟大的决定，把这批宝藏无偿地赠送给德国人民。柏林博物馆收下了这批宝藏。柏林市政府为了表彰谢里曼的贡献，宣布授予他为荣誉市民。一时间，谢里曼声名鹊起，赞誉他为"不计名利的爱国学者"。谢里曼于 1890 年逝世。

1941 年，第二次世界大战爆发了，希特勒命令德国所有博物馆藏必须收入防空仓库密藏。于是，特洛伊宝藏被秘密送进了柏林动物园附近的一个巨大的防空洞中，这一藏就是四年。1945 年，苏联红军攻占了柏林，柏林博物馆馆长为了使这批稀世珍宝不会被窃或被损，亲自主动交给了苏联红军。苏联领导人斯大林得知获取这批战利品之后，非常高兴，当即下令：马上将特洛伊宝藏装上飞机运回莫斯科封存起来。

这批宝物一直秘密地在莫斯科普希金博物馆密窖里藏着，只有极少数的官员和经严格挑选的专家才知道这一秘密。普希金博物馆馆长弗拉基米尔·托尔斯季科夫说，他是 1973 年进普希金博物馆工作的，直到 1976 年才知道这批宝物的存在，只是到 1992 年他才有幸见到它们的庐山真面目。这批宝藏无声无息地在苏联呆了 50 年后，也就是 1996 年 4 月 16 日，终于在莫斯科普希金博物馆展厅与世人见面了。这次展出的是 259 件稀世珍宝，分别安置在有厚厚的防弹玻璃的 19 个保险柜内陈展一年。

二·图特卡蒙陵墓

埃及的帝王谷位于尼罗河西岸的沙漠中，古埃及新时期（首都设在底比斯以后）的大多数法老都埋葬在这里。在1900年左右，几乎所有帝王谷里的陵墓都被发现了，唯独传说中的国王图特卡蒙的陵墓仍没有找到。

图特卡蒙是3300多年前的一位年轻的埃及法老，他年轻有为，曾在金雕御座上管理着庞大帝国。可是好景不长，在18岁时却惨遭厄运，突然死去。在埃及漫长的法老时代中，图特卡蒙因为其统治时间短暂，而名不见经传。他的猝死也使得他没有事先修建好豪华的金字塔陵墓。那么他到底埋葬在哪里呢？

考古学家霍华德卡特熟读古埃及历史，发现建造一处豪华的陵墓是图特卡蒙毕生的梦想。于是，他决心要找到图特卡蒙的陵墓。1903年起，

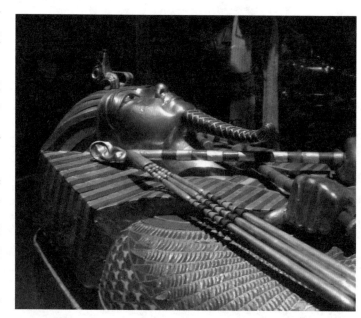

金面具卧像

他就带领助手在帝王谷的每一寸土地上搜索，在经过 19 年的努力后，于 1922 年 11 月 5 日，终于在位于另一个著名法老拉美西斯六世的陵墓下面，找到了图特卡蒙陵墓的入口。

这是 3300 年来唯一一座完好无损的法老陵墓，也是埃及最豪华的陵寝，更是埃及考古史乃至世界考古史上最伟大的发现。因为这个发现，成为古代文明对现代人类最彻底的一次震撼和嘲笑。那个成为埃及文明象征的纯金面具，那个纯金制成的棺材，那个由纯金雕制镶满宝石的御座，那些铺满墓室墙壁的纯金浮雕，那具完整无缺的木乃伊……所有一切都让人类惊叹！

金面具

图特卡蒙陵墓的发现是世界考古工作成就的顶峰，也是考古史的重要转折点。所有出土文物超过 1 万件，每件都是无价之宝。霍华德·卡特和他的助手花了三年时间整理这些墓葬并将它们全部运出墓室，当时挖掘人员从墓的出门抬出女神哈托尔牛头灵床的镜头，已经成为考古史上无法超越的经典之作。埃及政府又花了整整 10 年时间把它们运到开罗。当这些文物进入开罗博物馆展出时，开罗博物馆之前的所有藏品都因之黯然失色。

三·英国王室珠宝

大约在 1600 年前，地球上崛起了一个强大的王族，这就是英国王室。英国王室是现存最古老的王族，而每代君主的加冕仪式都严格奉行完全一样的传统，在加冕仪式上，国王或者女王头戴王冠和手持权杖，象征至高无上的权力，这使得英国王室的加冕典礼成为现存的最古老的仪式和最受全球瞩目的焦点。

为了使王冠和权杖成为世界上独一无二的权力象征，历代王室都想尽办法收集钻石和珠宝，他们认为稀世的钻石最能体现王室的尊贵。长达几个世纪收集钻石的历程，逐渐形成世界上最有名的家族珍宝。早期那些英王和王后佩戴过的王冠已经找不到了。国王及其亲属们为了发动战争，重建毁于大火的王宫，举办豪华的王室婚礼，不得不卖掉了许多珍宝。在中世纪，国王在出征作战时，通常都把御宝随身带上，因为他不信任留在宫中的皇亲国戚。1648 年，英国爆发了反王权运动，这次运动对王室的冲击很大，很多珍贵的王冠和权杖都流失了。1660 年，英王室复辟以后，他们又开始大规模地重新制作王冠和权杖。从那时到现在，很多稀世珍宝都被保留了下来。随着王室的发展，从 18 世纪开始，英王室有了专用的珠宝匠，他们以非凡的技艺制作了许多最精美的首饰。随着势力的不断扩张，英国成为世界上最强大的殖民帝国。在众多殖民地中，印度和南非都以出产钻石以及珍稀宝石闻名，这两地向英王室供应了无数一流的钻石，而一些弱小国家，也怀着破财免灾的想法，愿意把本国最珍贵的珠宝献给英国。

据说，王室成员们都习惯于把珠宝换来换去，爱德华国王十一世入棺时所戴戒指上的一颗蓝宝石如今却闪耀在"帝国之冠"上，这顶王冠上还镶有两串珍珠，据报道，

大蓝宝石戒指

稀有的粉红色钻石戒指

英王权杖

那正是苏格兰女王玛丽1587年被斩首时戴的项链。19世纪的君主维多利亚女王尤其热衷于收藏珠宝，从帝国各地搜罗来的奇珍异宝，令她陶醉不已。她的珍品中包括一枚拇指大小的印度钻石，名叫"光明之山"，它是现今的最古老的钻石。1304年发现于印度，原石重191克拉，加工后重108.93克拉。

　　1905年南非发现了有史以来最大的一颗钻石，它重达3106克拉。由于南非当时是英国的殖民地，所以人们都一致认为应把它运往伦敦，献给爱德华七世国王，这件举世无双的珍品要运往伦敦的消息，引起世界各地的珠宝大盗想入非非，有关人员花了几个月时间研究如何保障运输安全，最后伦敦警察厅决定，最佳原则是"越简单越安全"。这颗大如茄子的钻石被装进一个没有任何标志的包裹邮寄出去，一个月后出现在白金汉宫的皇家邮袋里。1908年2月10日，这颗巨钻被劈成几大块后进行加工，加工出来的成品钻总量为1063.65克拉，全部归英国王室所有，最大的一颗钻石取名为"库里南－Ⅰ"，又

英女王参观金库

称"非洲之星"，重 530.20 克拉。这颗鸡蛋般大小的钻石现镶嵌在英王的权杖顶端，权杖上还有 2444 颗钻石。第二大的钻石被命名为"库里南－Ⅱ"，重 317.4 克拉。这颗鸽子蛋大小的钻石现在镶嵌在英王室最重要的王冠"帝国王冠"上。

人类开采利用钻石的历史已逾几千年，大于 20 克拉的钻石现已极为罕见，而大于 100 克拉的钻石便被视为国宝。但是这样国宝级的钻石，在英王室的收藏中就有好几颗。英王室拥有 22599 件宝石和宝器，其实际价值难以计算。

四·俄罗斯钻石库

18 世纪初，俄国沙皇彼得大帝为了收集钻石和珠宝，他颁布了一道保护珍宝的专项命令。要求国人不准随便变卖家中的珍贵珠宝和首饰，在一定重量以上的钻石和珠宝必须由皇家收购。与此同时，他还在世界范围内搜索钻石珠宝，很多小国慑于沙皇的势力，都投其所好，纷纷把本国最好的珠宝奉献出来，希望因此能得到俄国的庇护和福祉。

彼得大帝在自己居住的圣彼得堡东宫内修建了一座神秘建筑物，所有收集到的珠宝都被珍藏在里面，世人称之为钻石库。如果说，彼得大帝喜爱钻石，他只是为钻石库的收藏开了个头，彼得大帝之后，最痴迷于收集钻石珠宝的是女皇叶卡捷琳娜二世。她对钻石的痴迷程度几乎近于疯狂，她每天都佩戴价值连城的钻饰，而且花样经常翻新。曾经有个皇室卫士壮着胆子称赞女皇的钻饰漂亮，他就被升官至保卫总管。大小官员于是都把进献钻石当成最直接的升官途径。一次女皇过生日，结果在收到的上万件生日礼物中有超过一半是钻石。女皇的钻石不仅镶嵌成首饰，就连她日常用的东西都要镶满钻石。她有一本 17 世纪的《圣经》，银制的封面上就镶嵌了 3017 颗钻石。叶卡捷琳娜二世对钻石的切割和镶嵌工艺要求极高，俄国历史上最出色的钻石切割专家就是在叶卡捷琳娜二世时期出现的。

经几代皇室不停地收集，俄国的钻石库不但在数量上收藏了无数的钻石，而且还成为珍贵钻石最集中的地方，其中在世界前十位的大钻石就有三颗。

在俄罗斯钻石库中，最出名的钻石是"奥尔洛夫"。它是在 17 世纪初，在印度戈尔康达的钻石沙矿中发现的，原石重 309 克拉。根据当时印度国王的旨意，一位钻石加工专家拟把它加工成玫瑰花模样，但未能如愿，最后磨出的成品重量是189.62克拉。这颗美妙绝伦的钻石后来做了印度塞林伽神庙中婆罗门神像的眼珠。1739年，印度被波斯国王攻占后，这颗钻石又被装饰在波斯国王宝座之上，之后钻石被盗，落入一位亚美尼亚人手中。1767年，亚美尼亚人把钻石存入阿姆斯特丹一家银行。1772年，钻石又被转手卖给了俄国御前珠宝匠伊万。1773年，伊万以40万卢布的价格又把钻石卖给了奥尔洛夫伯爵。同年，奥尔洛夫伯爵把钻石命名为"奥尔洛夫"并把它奉献给叶卡捷琳娜二世作为他命名的礼物。尔后，"奥尔洛夫"被焊进一只雕花纯银座里，镶在俄罗斯权杖的顶端，有着传奇经历的钻石，使权杖的威严更令人震慑。

除了"奥尔洛夫"之外，钻石库中世界级的钻石还有很多。例如，"保罗一世"，重130.35克拉，这颗紫红色美钻曾经镶嵌在印度皇冠的中央，后来被彼得大帝拥有。"波斯沙皇"重99.52克拉，曾镶嵌在波斯国王的王冠上，后来被沙皇文狄拥有。"沙赫"，虽然只重88.7克拉，但是它是世界上唯一一颗刻字的大钻石。这颗钻石最初也是在印度被发现的，先后被两位印度国王拥有，然后辗转到了波斯国王手中，钻石的3个晶面上分别刻有3个国王的名字，每次转到新主人中，都会被刻上新主人的名字。大家都知道，钻石是世界上最硬的物质，要想在上面刻字，其难度是可想而知的。为了实现这个愿望，宝石工匠从钻石上磨下一些极细的粉末，再用尖尖的细棍蘸取这种粉末，让其"硬碰硬"，经过极其艰苦的努力，才在这颗钻石上刻上字。3次刻字之后，"沙赫"的重量从原来的95克拉变为88.7克拉。1829年，俄国驻波斯大使被人刺死，沙皇威胁要报复。为了平息沙皇的怒火，波斯王子霍斯列夫密尔查率代表团到圣彼得堡谢罪。王子送给沙皇一件宝物，就是这颗饱经沧桑的"沙赫"钻石，它的价值在当时相当于两国之间的一场战争。此后"沙赫"一直保存在俄国。

1762 年，宫廷珠宝匠为叶卡捷琳娜二世加冕而专门制作了一顶大皇冠，工匠在皇冠上镶嵌了 4936 颗钻石，共重 2858 克拉，其中十几颗最重要的钻石分别是从当时欧洲国王的王冠上拆下来的，整个王冠重 1907 克。皇冠顶端是世界上最大的尖晶石，重 389.72 克拉。长期以来宝石专家都认为这颗漂亮的尖晶石是红宝石，后来才发现原来是颗稀有的尖晶石。据说，它还是俄国人以 2627 金卢布从北京买来的呢！目前，这颗尖晶石是俄罗斯"必须保护的七颗宝石之一"。

在俄罗斯钻石库中，除了无数珍贵的钻石、红宝石、蓝宝石、珍珠外，还包括号称"天字第一号珠宝盒"的琥珀大厅。可是，即便

璀璨晶莹的钻石

稀有的瑰丽多彩的大钻石

罕见的紫色钻石

非凡的黑色钻石项链

气度非凡的金项链

是戒备森严的皇室珍宝，也有流离坎坷的时候。1914 年，第一次世界大战爆发后，沙皇立即下令把这些珍宝从圣彼得堡的冬宫转移到莫斯科的克里姆林宫。在转移途中，由于走漏消息，有很大部分珠宝流失。有一种说法，大约 75% 的零散钻石和宝石流入民间。第二次世界大战时，俄国又流失了相当一部分的珍宝，其中，价值连城的琥珀厅也在 1944 年 8 月的战争中遗失了，并从此下落不明。俄罗斯钻石库的珍宝虽然几经战火遗失了不少，但现在在钻石库里还有 25300 多克拉的钻石，2600 克红宝石和许多又大又圆的优质精美的珍珠。

五·阿托卡夫人号沉船

17 世纪，南美洲被证实储藏有极其丰富的金银矿和其他稀有资源，于是西班牙殖民者在新大陆唯一的工作就是疯狂地以最野蛮的方式开采矿山，掠夺资源，将一船一船的金银财宝运回西班牙本土。

西班牙的运宝船最害怕的是海盗和飓风。为了对付海盗，每支船队都配备有装备了大炮且船身坚固的"护卫船"。阿托卡夫人号就是这样一艘护卫船。1622 年 8 月，阿托卡夫人号所在的、由 29 艘护卫船组成的船队载满财宝，从南美返回西班牙。由于是护卫船，他们把最贵重、最多的财宝放在阿托卡夫人号上。遗憾的是，阿托卡夫人号船队的大炮可以抗击海盗而对于飓风却没有什么威慑力，当船队航行到哈瓦那海域时，狂暴的飓风呼啸而来。飓风席卷了船队中落在最后的 5 艘船，阿托卡夫人号由于载重太大，船速最慢，经不起狂风大浪的袭击，很快就沉到深 17 米的海底。其他船上的水手希望能从沉船中抢救出一些贵重财宝，不顾危险，纷纷跳入水中。但是，就在他们找到残骸，准备打捞金条时，一场威力更大的飓风又呼啸而来，所有水下的人都在飓风中丧生。

梅尔·费雪，一个出色的寻宝人。1955 年他成立了一个名叫"拯救财宝"的公司，专门在南加州一带的海域寻找西班牙沉船。20 年的打捞生涯里，费雪先后打捞起 6 条赫赫有名的西班牙沉船，成为寻宝人圈中的名人，也发了大财。不知不觉，费雪到该退休的年龄了，不过他还是不愿意就此离开他的打捞事业。因为他曾发誓一定要找到传说中有着最多财宝的阿托卡夫人号。于是，全家人为这个理想放弃了公司的正常运转，费雪的妻子、儿子和女儿陪着父亲一起下水，在海底寻找梦想。他们

堆满船舱的金币

各种款式的红宝石

的搜寻一丝不苟，只要看见不是石头的东西都要用金属探测器探测。1985年7月20日，费雪和他的家人成功了，他们找到了阿托卡大人号，这个号称海底最大宝藏的沉船上有40吨财宝，其中黄金就有将近8吨，宝石也有500公斤，所有的财宝价值4亿美元。

六·罗亚尔港

罗亚尔位于牙买加岛。16 世纪中南美洲是西班牙的天下，殖民强盗搜刮了大量金银财宝，一船船运回欧洲。在入侵西半球这方面，英国落后西班牙一步，除了控制北美洲北部地区以外，很难染指西班牙的势力范围。心有不平衡的英国嫉妒西班牙抢到的巨额财富，就怂恿海盗专门袭击西班牙的船只，并为之提供庇护。当时专门开辟的英属殖民地牙买加岛东南岸的罗亚尔港，就是作为海盗的活动基地而建的。罗亚尔港于是成为历史上海盗船队的最大集中地。海盗抢夺来的金银珠宝在这里堆成山，一船船的金子有时候都轮不到卸船，要停放在港口里等候。这个城市里住有几万人，其中大约有 6500 名是海盗，他们过着远比伦敦和巴黎奢侈的生活。这里除有名贵的中国丝绸、印尼的香料、英国的工业品之外，最多的还是金条、银币和珠宝。

1692 年 6 月 7 日，罗亚尔港仍像往常一样热闹，酒馆里人声沸腾，销赃市场顾客如云，各式船只频繁进出港口，满载着工业品的英国船只在码头卸货，美洲大陆的过境船只在修帆加水，海盗船混迹其间，一般人难以辨别，但是这个罪恶之城注定要受到上帝惩罚的时刻还是悄悄来临了。

中午时分，忽然大地颤动了一下，接着是一阵紧过一阵的摇晃。地面出现巨大的裂缝，建筑物纷纷倒塌。土地像波浪一样起伏，地面同时出现几百条裂缝，忽开忽合，海水像开了锅似的，巨浪将港内船只像拉手风琴一样，一张一合，悉数打得粉碎，情景可怕极了。穿金戴银的人们在房塌地裂和海啸的交逼下，疯狂地奔跑着，企图找一个庇身之所。11 时 47 分，一阵最狂烈的震动后，全城 2/3 没于海水底下，残存陆地上的建筑物也被海浪冲得无影无踪。

古帆船   古银币

　　罗亚尔港从此消失在大海之中，直到 1835 年，在风平浪静的日子里，人们仍能清楚地看见海底城市的痕迹 —— 一些沉船，房屋依稀可辨。经测量，沉城处于海平面之下 7 到 11 米。再以后，泥沙和垃圾层层覆盖，罗亚尔港在人们的记忆中湮灭了。

　　牙买加独立之后，政府一直没有放弃寻找这个海葬城市，1959 年，牙买加政府和海下考古学家罗伯特·马克思签订挖掘协约。协约规定，马克思只负责挖掘，而挖出的所有财宝都归牙买加政府所有。在之后的时间里，马克思找到了一部分城市遗址，并挖出了价值几百万美元的珠宝和大批生活日用品，其中最有历史价值的是一只怀表，表针指向 11 时 47 分，由此确认了古城沉没的时间。而最有趣的是一尊没有头的雕像，专家研究证实，这是中国人信奉的观音。4 年之后，马克思以"再也挖不到财宝"为由离开牙买加。所有的人都不相信，罗亚尔港就只有这么一点点财宝，但谁也猜不出马克思离去的真实原因。

　　1990 年，美国得克萨斯州 ACM 大学接到牙买加政府邀请，再次开始罗亚尔港的挖掘工作。ACM 大学的专家们准确找到了罗亚尔港的主要沉没地点，他们发现当年马克思挖出来的宝藏只是非常小的一部分，99% 的宝藏还沉睡在海水里。

　　现在罗亚尔港宝藏的寻找工作还在继续，不过，牙买加政府没有决定打捞已经发现的物品和金银财宝。没有人知道这个被海葬的海盗首都到底还能给人类带来多少惊喜。

七·西潘王墓室

西潘王墓室是 1988 年在秘鲁发现的一座古墓。秘鲁是南美洲的文明古国，境内古文化遗址密布。在秘鲁发现的伟大的遗迹有很多，比如马丘比丘，但是绝大多数遗址都没有宝藏。一方面是因为当时的殖民宗主国西班牙在秘鲁境内翻个底朝天，大部分财宝都被掠夺走了；另一方面是秘鲁民间盗窃文物现象极为猖獗，当地人只要发现文物，马上就一哄而上，一抢而光。

1987 年前后，国际文物黑市上频频出现显然是来自秘鲁但又绝对不属于印加文明的文物，敏感的考古学家阿尔亚博士意识到，这些独特的文物表明很可能又有一个重要的遗迹被盗了，他和助手火速赶到秘鲁北部的奇科拉约附近，一边询问，一边搜寻，终于在 1988 年发现了西潘王墓室。

西潘王墓隐藏在一个山谷里，位置很隐秘，周围没有任何显著的标志，几乎可以说是很卑微，这可能就是它一直没有被打扰的原因。墓的入口已经被盗墓者打开，整个墓由大小几十个墓室组成。当阿尔亚博士想办法进入墓室时，他被豪华的墓室和琳琅满目的陪葬品惊呆了，为了保护文物不被盗窃，阿尔亚博士固执地坚持住在墓里，守住入口直到秘鲁国家文物局的官员到达。当地农民憎恨阿尔亚断了他们的财路，在洞口威胁说要把他杀死。幸运的是，秘鲁国家文物局的官司及时地赶到了现场，文物终于被保护了。在之后的挖掘工作中，阿尔亚博士挖到了密封的、从未被进入的西潘王主墓室。整个墓室几乎都被无数的陪葬品塞满了。西潘王的尸骨放在墓室的最中间，他手中抓着一把重达 0.5 公斤纯金制成的小铲子。他头上和前胸覆盖着华丽的金制面具。他手臂的骨骼上挂满精美的首饰，就连他的尸体周围都堆满

西潘王金面具

华贵的金首饰

了数不清的首饰和工艺品。西潘王似乎想把生前收集到的所有财富都带到来生的世界里去。这些还不算全部，最夸张的是西潘王的四周有几十具陪葬者的尸体，他们中有年轻的女人、侍卫、仆人，而这些人的尸体上无不是堆满了金银制成的首饰。整个墓穴中，死者的骸骨只是点缀在一堆金银珠宝中的点点白色。阿尔亚博士说，之前在文物黑市上看到的东西简直没法和西潘王墓室中的发现相比。

　　西潘王是古代莫切人的一位帝王。莫切人生活在公元 100 年到 700 年之间，后来被印加人征服。一直以来，印加文明是秘鲁古代文明的中心，很难想象在莫切人的古迹中却发现了令印加文物都黯然失色的宝贝。西潘王墓室的发现是整个西半球最辉煌的墓葬文物的发现，被喻为新大陆的"图特卡蒙墓"。现在所有的金银首饰和工艺品都被当地博物馆保管。

八·霍克森钱币

英格兰萨福克郡有一个名叫霍克森的小村庄，村子里的人都靠务农为生，他们的生活宁静且平淡。但是，在1992年11月16日这天，这种宁静和平淡被打破了，这个村庄因为一份重要的宝藏被意外发现而名噪全球。

艾瑞克·劳斯是霍克森的一个普通农民。1992年的11月他打算把自己的住宅改装一下，为此，好朋友和邻居都前来帮忙。11月15日，屋子的装修工程结束了，但一个朋友却告知劳斯，自己的锤子不见了。劳斯从不愿占别人的便宜，因此在院子里整整找了一天，但一无所获，他猜想锤子可能被埋到地下了，于是16日一早，他买了一个金属探测器，继续在院子里寻找。到了中午，金属探测器突然发出警报声，劳斯以为发现了锤子了，开始在院子里挖起来，可挖到50厘米深的地方时还没有东西。劳斯并没打算放弃，随着坑越挖越深，探测器发出的声音也越来越大。在挖到差不多1.5米深的地方时，一枚银币突然跳了出来。仔细一看，这是古罗马时代的银币，虽然金属已经严重变色，但古罗马帝王头像的浮雕还清晰可见。劳斯继续挖掘，接下来

一枚古银币

220公斤重的金块

的情景让他一辈子都忘不掉 — 呈现在他眼前的是一堆古罗马银币，中间夹杂着不少闪闪发光的金币，偶尔还有银制的汤匙和小艺术品。显然，他挖到了一个地下宝藏。

诚实的劳斯见此情景，马上停止挖掘工作，并向萨福克郡文物管理委员会报告了自己的发现，文物管理委员会成员以最快的速度赶到劳斯家。经过专业人士一天的挖掘，所有宝物都重见天日，其中有14191枚银币，565枚金币，24枚铜币，29件纯金的、做工精细的首饰和一块重达250公斤的纯金块。除此之外，还有79个银汤匙，20多个银烛台，一些银制的小雕件和工艺品。所有金币都是纯度超过99%的九分七币（一种古罗马金币的专称），在公元394年到公元405年之间铸造。全部金币来自13个不同的造币厂，从出厂到埋入地下只有不到50年的流通时间，所以保存格外完好，在一般文物市场，这种金币是很罕见的，就算偶尔能见到，价格也高得吓人，而一下子发现数量如此多这样的金币在历史上还是第一次。

霍克森宝藏被运到英国国家博物馆，博物馆为了奖励宝藏的发现者劳斯，给他支付了125万英镑作为奖金。据考古学家分析，宝藏的主人生前地位一定显赫，大约在公元440年左右可能突然遭遇变故，在紧急情况下把宝藏埋入地下，希望在一段时间以后重新取出来，可是不知是什么原因或许是主人意外死去，或许是他无法再找到埋藏财宝的准确位置，以至霍克森宝藏一直就被埋藏至今。考古学家认为：霍克森宝藏是历史上古罗马钱币最集中的一次发现，也是英格兰历史上最重要的一次文物发现。

九·赫氏堡

赫氏堡是有史以来最豪华的私人住宅，是 20 世纪 20 年代美国传媒巨人威廉·伦道夫·赫斯特的私人城堡。

在赫斯特事业的巅峰时期，他拥有两座矿山，数不清的地产，26 家报纸，13 家全国性刊物，8 家广播电台和许多其他新闻媒体。当时，赫斯特每天能赚 5 万美元，这个数字相当于现在的 500 万美元。

赫斯特于 1919 年开始构思修建一座举世无双的私人城堡。为了实现这个梦想，他开始了选址工作，很快他就看上了一个距洛杉矶 360 公里，名叫圣西蒙的地方，这里从太平洋边开始到桑塔露西亚山，那广袤的草场，绵延的山丘，美轮美奂的海景，在赫斯特心中有不可替代的位置，这绝对是修建城堡最理想的地方了。于是，他请当时世界上最有名的女设计师之一朱莉亚·摩根为他设计。在城堡施工过程中，精通艺术的赫斯特给摩根提出了许多有益的建议，其中大部分是关于如何将几千件古董收藏品陈列在房间时显得自然而不突兀，就好像这些古董几百年来一直就在那里一样。赫氏堡的修建费高达 1000 万美元，相当于一个国王的全部身家。赫氏堡由一个主楼和三栋独立的客房组成，整个山庄共有房间 165 间。赫氏堡主楼共有 115 个房间，计有卧室 42 间，起居室 19 间，浴室 61 间，图书室 2 个，厨房一个，弹子房一个，电影厅一个，聚会厅一个，大歺厅一个。

赫氏堡的豪华程度超越所有人的想象，因为其中许多艺术珍品都是无价之宝。赫斯特一生酷爱收藏艺术品，家具、挂毯、绘画、雕塑、壁炉、天花板、楼梯，甚至整个房间都是他的收藏对象。他的收藏品大多都布置在城堡的房间内供人欣赏和使用，丝毫没有将收藏品作为投资以期升值的功利思想。因为有了这些艺术品，整个城堡平添了浓浓的艺术气息和典雅的风韵。

位于城堡主入口处的室外游泳池叫海王池。按照萧伯纳的逻辑，海王爷本人游泳的地方一定比这儿差远了。泳池长 32 米，深 1 米到 3 米，所蓄的 1300 吨水是从山上引来的泉水，碧水清莹，清澈如镜，池边数落着几尊古希腊罗马神话传说中的人物雕像，全部都是艺术珍品。室内游泳池叫罗马池，它是世界最豪华的泳池，墙壁、池底、岸边、跳板等用了 1500 万块在威尼斯制造的玻璃马赛克拼贴表面，金色的玻璃马赛克表面贴的是一层真金。单是生产这些马赛克就花了一年 3 个月的时间，整个泳池的修建历时 3 年。

城堡中的大图书室是专为客人们布置的。那里收藏的手稿、善本全部是世所罕见。书柜顶和书桌上放置的是公元前 2 世纪到 8 世纪希腊的陶罐，书桌和扶手椅是核桃木的古董，曾经来此做客的丘吉尔声称，自己足不出户可以在该图书室待好几个月。

整座城堡只有一个餐厅，餐厅内的布置是赫斯特的骄傲。进入餐厅你会以为自己到了天主教堂或修道院。餐厅墙上挂的是 16 世纪法国佛兰德壁毯，椅子是 14 世纪西班牙唱诗班的长椅，天花板是 17 世纪意大利的木制天花板，上面雕刻的圣徒像比真人还大。房间尽头的大壁炉可以容下三四个人而丝毫不用弯腰低头，也不拥挤。壁炉上挂的一排旗帜，是 16 世纪意大利锡耶那城举行宗教赛马活动时胜利者的旗子。桌上银制的餐具和烛台是 17 到 19 世纪英国、西班牙、法国等地的精品。

赫斯特热爱动物，赫氏堡所在的牧场上建有一个动物园，是全球最大的私人动物园。赫斯特热爱大自然，修建赫氏堡时，有许多大橡树挡住路，赫斯特宁肯花几千美元将树移走，也不愿简单地将它们伐掉，这些大橡树现在也成了古迹。

赫氏堡

赫氏堡游泳池

    1925 年的圣诞节，尽管赫氏堡还有一些房间没有完工，赫斯特一家正式搬进了城堡。随后，著名的艺术家、文学家、政客、将军们纷纷被邀请到赫氏堡做客。当音乐家萧伯纳参观完赫氏堡后感慨地说："如果上帝有钱，他大约也会为自己修建这样的住所？"

    赫斯特去世后，他的儿子们决定将城堡捐赠给加州政府，使整个产业得以向公众开放，让世人共同领略迷人山庄的魅力。

十·印度卡拉拉邦古庙黄金宝藏

　　2011 年 7 月，印度爆发出一则震撼世界的惊天新闻：在一座印度古庙发现价值逾百亿美金的黄金宝藏。该宝藏是印度最高法院最近下令清点位于卡拉拉邦的帕德马纳巴史瓦米 (padmanabhaswamy) 庙的资产时发现的。据悉，该座印度教寺庙共有六个地下密室，其中 A、B 两个密室，据说已经有 139 年没有打开过，所以该庙的资产一直不明。由于 A、B 两室的情况十分神秘，有关部门非常重视。他们请来了消防部门和著名的考古专家共同研究了进入密室的计划。7 月初的一天，一个由消防员及考古学家组成的 7 人小组，在经过充分准备之后，谨慎小心地进入 A 室清查。他们小心翼翼地打开密室的大门，当他们进入密室时，从不同角落射出的一束束金光，立马把他们都惊呆了。这是什么光呀？是金光还是魔光？胆大的消防员驱前探望，

金小象

他情不自禁地叫了起來来，哇！金银珠宝，满屋的金银珠宝啊！经过认真盘点，计有：相信是数千年前制作的长达数英尺、重 2.5 公斤的金项链，近一吨重的各式各样的黄金饰品，还有钻石、各种宝石、珍珠、古董和皇冠等。还有 17 公斤重的东印度公司时期的金币，18 枚 19 世纪初拿破仑时期的硬币以及 1 只黄金制的小象等等。据估计，总值逾 5000 亿卢布（约合 112 亿美元）。这仅仅是 A 室的藏宝，B 室尚未打开，所以这座寺庙藏宝的总价值，目前尚难估计。

金币

据介绍,自 1947 年印度独立以来,这座寺庙一直由 18 世纪土邦特拉凡科王室成员的后人成立的信托财产管理机构管理。这次发现如此巨大的宝藏之后,由于寺庙方无足够的保安人员保护财产的安全,故法院裁定由国家负责管理、保护寺庙中的宝藏。最近,当地警方已为该寺庙安装了闭路电视和警钟,当局亦派出突击队严密保护寺庙,防止垂涎财宝的不法之徒偷盗宝藏。

第 7 章

世界二十大藏宝之谜

一·圣殿骑士团藏宝之谜

1119 年，法国几个破落骑士，为了保护朝圣者和保卫第一次十字军东征中建立的耶路撒冷拉丁王国，发起成立一个宗教军事修会，由于该修会总部设在耶路撒冷犹太教圣殿，所以称"圣殿骑士团"。"圣殿骑士团"成立之后，由于经常对伊斯兰教徒、基督教徒进行敲诈勒索，加上朝圣者的慷慨捐赠以及教皇给予他们的种种特权，从而使他们很快就积累了相当可观的财富。但是到了后来，"圣殿骑士团"的成员们贪得无厌，任意挥霍钱财，过着十分奢侈的生活，给人们留下极坏的影响。同时，他们还密谋参加政治活动，因而引起了欧洲各国国王和其他修会的不满，被斥为异端，从 1307 年开始，各国陆续取缔"圣殿骑士团"。

1307 年 10 月 5 日，法国国王菲利浦四世下令逮捕所有在法的"圣殿骑士团"成员，菲利浦想通过捕捉其成员从而没收他们的财产，以解当时国家财政拮据之难。可是，就在菲利浦采取行动的前几天，罗马教皇把这个消息偷偷告诉了骑士团。于是，他们迅速而巧妙地把大量的财富隐藏起来。骑士团大祭司雅克·德·莫莱在狱中获得这个消息后，他把自己的侄儿，年轻的伯爵基谢·德·博热叫到狱中来，让他秘密继承大祭司的职位，要他发誓拯救"圣殿骑士团"，并把其财宝保存到"世界末日"。最后告诉他，珍宝和圣物是藏在大祭司们墓穴入口处祭坛的两根大柱内，并告诉了他取宝的方法。

1314 年，雅克·德·莫莱大祭司被菲利浦下令处死。此后，年轻的基谢·德·博热大祭司成立了一个"纯建筑师"组织，他们请求国王准许把莫莱的尸体埋葬到另外的地方去。国王不知道其有计，批准了他们的要求，博热乘机把黄金、白银和玉石等转移到了安全的地方，由于"圣殿骑士团"长期热衷秘术，有自己独特的一套神秘符号体系，因此，外界人对这个骑士团知之甚少，对其符号的含义难以捉摸，故人们对其财宝的下落至今不知去向，成为难解的历史之谜。

满库的银锭和银元

二·印加黄金藏地之谜

印加原为今秘鲁利马附近的一个土著印第安人部落，从 11 世纪起，印加不断兼并邻近部落，到了 1438 年，建立起了一个强大的印加帝国。崇拜太阳神的印加人认为，黄锃锃的金子像太阳的光辉，所以，他们不仅在建造神庙和宫殿时大量使用黄金，而且也非常喜欢佩戴和珍藏黄金制品。据估计，印加人从 11 世纪开始收藏黄金，到他们最兴盛的 15 世纪时，他们的黄金收藏几乎相当于当时世界其他各地黄金的总和。

如此富有的印加帝国，使殖民主义者垂涎三尺。以弗朗西斯科·皮萨罗为首的西班牙殖民主义者，1525 年 1 月开始对印加帝国进行侵略。1532 年，皮萨罗再次率殖民军从巴拿马出发，侵入印加帝国。为了夺取印加帝国的黄金，他们把当时印加帝国的皇帝阿塔瓦尔帕扣押起来作为人质。要求皇帝用装满关押他的房子那样多的黄金赎身。按照皮萨罗的随从计算，关押皇帝的那间房子长 7 米，宽 5.5 米，高 3 米，也就是说，要用 40 万公斤黄金才能堆满这间房子。阿塔瓦尔帕皇帝为了活命，同意了交出 40 万公斤黄金的要求。而且他的臣仆们很快就交出了 5 千公斤黄金表示诚意。但是，心狠手辣的皮萨罗并不打算遵守自己的诺言。他想，如果就这样放走了皇帝，他早晚会带领印加人起来反抗他的，于是，他找了一个借口，还是把皇帝处死了。其时，皇帝的臣仆们还在为皇帝赶运赎身黄金的路上，在获悉皇帝被处死的消息后，印加人就把这批黄金藏匿起来。正如皮萨罗的兄弟佩德洛·皮萨罗说的那样，"所有的金银财宝都被藏匿起来，而且我们再也不可能找到它们了。祭司们先叫奴隶把金银财宝运到隐藏地附近，再叫一些印第安人替换下他们，藏好宝后，他们毫无畏惧地一个个跳崖或上吊。在这个国度里，有数不胜数的财宝，但是，我们找不到了。"印加人的大量金银财宝到底藏在何处，至今还是一个不解之谜。

黄锃锃的金砖

三·亚马逊密林中黄金城之谜

16世纪初,西班牙人推翻了印加帝国,掠夺了大量的黄金、珠宝,但他们并不满足。他们的统帅皮萨罗听说,印加帝国的黄金是从一个叫帕蒂的酋长统治的玛诺国运来的,在亚马逊密林深处有座黄金城,那里金银珠宝堆积如山。于是,他立即下令组织探险队开赴黄金城。然而,广袤无垠的原始森林是无情的死亡之地。毒蛇猛兽的进攻、置人于死地的各种疾病的侵害,使一支支探险队不是下落不明,就是失败而归,皮萨罗的理想破灭了。

珠宝对人们欲望的吸引力是无穷的,随后,又有许多西班牙人、葡萄牙人、英国人、荷兰人和德国人继续黄金城的探险,他们都想一攫千金、前仆后继地蜂拥深入亚马逊密林中。其中,有位叫凯萨达的西班牙人,他带领着716人的庞大的队伍,在经历了各种艰难困苦,付出了550条性命的惨重代价后,终于在康迪那玛尔加平原发现了黄金城和传说中的黄金湖,找到了价值300万美元的翡翠宝石,然而,这仅仅是黄金城难以估计的财宝中的微小部分。

传说中的黄金湖,就是哥伦比亚的瓜达维达湖。在17世纪初时,一位印第安族的最后一位国王的侄儿向人们讲述了这样的一个故事。从前,国王的加冕仪式都是在黄金湖畔举行,其时,王位继承人全身被涂上金粉,如同金塑雕像一般,然后就下到湖中畅游,洗去金粉。上岸之后,臣民们就纷纷献上黄金、翡翠等珠宝,放置在他的脚旁。这位新国王就将所有的金银珠宝扔入湖中,作为对上帝的奉献。这种传统仪式举行过无数次。所以这个湖就变成了埋藏有无数黄金和珠宝的黄金湖。

黄金湖的传说,对人们有巨大的诱惑力,自16世纪以来,在黄金湖的探险、打

堆积如山的黄金财宝

捞就一直没有停止过。1545 年，一支西班牙的探宝队，在 3 个月时间内就从较浅的湖底捞起了几百件黄金制品。1911 年，一家英国公司挖了一条通向湖中的地道，将湖水抽干了，但太阳很快就把厚厚的泥浆晒成坚硬的泥板，当他们再从英国运来钻探设备时，湖水再度充满了黄金湖。这次耗费巨大代价的探宝行动，一无所获。

　　1974 年，哥伦比亚政府担心湖中宝藏落入他人之手，派出军队去保护黄金湖，从此之后，再没有人能够到黄金湖探宝了。于是，黄金湖和黄金城一样，成为一个尚未揭开谜底的藏宝之谜。

四·秘鲁地下陵寝藏宝之谜

16世纪下半叶，一位叫古特尼茨的西班牙商人，来到古印加奇姻王国首都废墟探险。他由一位印第安部落的头人引路，来到古代国王陵墓的地方。他们穿过错综复杂、九曲十折的地下迷宫，到了国王的陵寝，刹那间，这位青年商人被金光灿烂的光芒照耀得不知所措。他好像是在梦幻之中，当他定睛看时，才知道那是从摆满了许许多多黄金和无数珠宝的地方，放射出的光芒。他还发现其中有一条黄金铸造的鱼，鱼的眼睛镶嵌着亮晶晶的翡翠。这时，印第安头人平静地告诉面前这位惊恐不安的西班牙人，只要他协助他们建设当地的公共工程，这些黄金和珠宝便全部归他所有。无须犹豫，这是一个千载难逢的发财机会，古特尼茨不停地点头答应，于是，他如愿以偿地返回了西班牙。

至于古特尼茨带回去多少黄金珠宝，他守口如瓶，但根据1576年西班牙税收记录记载，古特尼茨不仅向国王密报了这处藏有"小鱼"宝藏的地点，而且还慷慨地交纳了900磅黄金作为税金。古特尼茨在古印加奇姻王国的首都废墟发了大财的消息一下子就尽人皆知了。然而，在他之后的无数探宝者却没有他那种运气，不过，总是有人不断提供激动人心的线索，在当地废墟下面隐藏有一处"大鱼"宝藏，里面有更多的金银珠宝。

据说近年秘鲁政府宣布：对古印加奇姻王国首都废墟的地下国王陵墓加以严格保护，由两位经验丰富的秘鲁考古学家负责探索。现在人们都在期待这两位考古学家能揭开地下陵寝藏金之谜。

黄金小鱼

五·"维拉克鲁斯护船队"沉金之谜

1553 年，由 16 艘西班牙大帆船组成的"维拉克鲁斯护船队"，在美国得克萨斯州帕德尔岛一带沉没，迄今只发现了其中的两艘沉船，其价值估计为 18 亿美元。可想而知，这个船队的价值有多少。

六·澳大利亚洛豪德岛海盗藏宝之谜

16 世纪中叶，西班牙人沿着哥伦布远航美洲的航线，把从印第安人手里掠夺到的无数金银珠宝用商船运回国来。后来，他们的行踪被精明的海盗发觉了，于是，海盗们就埋伏在这条航线上，疯狂地劫夺过往的每一艘商船。天长日久，他们夺得了无数的金银财宝。由于夺得的宝藏太多了，他们无法把它们全部都带走，只好把一部分隐藏在他们经常在那休息的洛豪德岛上，并绘制了藏宝图，以便日后可以按图取出。

17 世纪 70 年代，一位名叫威廉·菲波斯的人，在偶然中发现了一张有关洛豪德岛的藏宝图，他惊喜万分，感到发财机会来了。于是他怀揣这张不知是真是假的藏宝图登上了这个小荒岛，他四处勘察，寻遍了所有可疑的地方，然而却一无所获。有一天，正当他徘徊海滩不知所措、进退两难的时候，无意之中，脚陷入沙里触到了一块异物，于是，他赶快挖掘出来一看，原来是一丛精美无比的巨大珊瑚树。再经仔细检查，又发现在珊瑚内竟藏有一只精致的木箱，菲波斯忐忑不安地打开木箱，出乎预料地他看到箱中盛满了金币、银币和各种奇珍异宝。菲波斯欢喜若狂，在岛上继续疯狂地探寻了三个月，终于将 30 吨金银珠宝装满了他的船舱，胜利而归，实现了他发财的梦想。

红珊瑚树

菲波斯暴富的消息像飓风一样，一下传遍了四面八方，人们认为，菲波斯找到的仅仅是海盗藏宝的很小很小的一部分，一定还有更多的宝物藏在那里。于是，一股寻宝热又席卷洛豪德岛。一时间许许多多真真假假的"藏宝图"应运而生，充斥欧洲，高价出售。可是，后来都没有人交上好运，他们花了大量的本钱，苦苦寻觅，可是藏宝仍是无影无踪。直到现在还有许多人在猜测，海盗们的宝藏到底埋在哪里呢？

七·金银岛藏宝之谜

《金银岛》是苏格兰作家斯蒂文森的一部著名小说。该小说以太平洋的可可岛为背景，讲述了一个脍炙人口的探险故事，书中暗示，在可可岛的某处隐藏着大量的金银珠宝。

可可岛位于距哥斯达黎加海岸 300 英里的海中，曾是 17 世纪海盗的休息站。海盗们将劫夺到的财宝，在此处装装卸卸，埋埋藏藏，使这个无名小岛平添了许多神秘色彩。据说，岛上至少有 6 个藏金处。其中最吸引寻宝者的是秘鲁利马的藏宝。1820 年，利马市仍是西班牙的殖民地，当被称为"解放者"的秘鲁民族英雄玻利瓦尔所率领的革命军即将进攻利马时，利马的西班牙总督仓皇出逃。他把多年来掠夺到的财宝装上一艘名为"亲爱的玛丽"号的帆船运走。这些财宝中，包括黄金烛台、金盘以及真人一般大小的圣母黄金铸像等等。这些不义之财，终将不会有好的结果。船到了大海上，船长见财起了杀机，他寻找机会杀死了西班牙总督，把这批财宝占为己有。为了安全起见，他决定不把这满船的财宝运回西班牙去，而把它藏在可可岛上的一个神秘的洞穴中，以便以后再回来运取。可是，

华丽的金烛台

事情并不能像他安排那样如意，由于种种原因，后来，他却一直没有适当的机会重返可可岛取走他的宝藏。直至 1844 年，船长离开人世，留下了一张真假难断的藏宝图。

　　船长留下的藏宝图，诱惑着许许多多的寻宝者前往可可岛探宝，可是，到目前为止，尚没有一个探宝者获得成功，可可岛上的藏宝到底藏在哪里？

八·"黄金船队"珍宝之谜

　　1702 年，西班牙一支由 17 艘大帆船组成的"黄金船队"奉命载着从南美洲掠夺来的金银珠宝火速运回西班牙，以解当时政府财政之困境。6 月的一天，正当这支船队航行在亚速尔群岛海面时，突然被一支由 150 艘战舰组成的英、荷联合舰队拦住了去路，它们迫使"黄金船队"驶往维哥湾。

　　到了维哥湾，为了使船上的财宝不致落入英、荷联合舰队的手中，唯一的办法就是偷偷地把船上的财宝卸下来，改从陆路运回西班牙的首都马德里。但是，这样做又有一个麻烦，因为当局有个规定：凡从南美运来的东西，必须首先到塞维利亚市验收。显然，从船上卸下珍宝的做法是违令的。侥幸的是，在皇后坞丽·德萨瓦的特别命令下，仅国王和皇后的金银珠宝被卸下船来，改从陆地运往马德里。

　　"黄金船队"在维哥湾被围困一个月后，英、荷联军在鲁克海军上将指挥下，向这支船队发起进攻了。他们动用了 3 万人和 3115 门重炮向"黄金船队"发动了猛烈的进攻，炮台和障碍栅相继被摧毁，西班牙守军全线崩溃。这时，"黄金船队"的总司令，为了不让敌人得到这众多的财宝，下令将装满金银珠宝的船只全部烧毁。顷刻之间，维哥湾成了一片火海，除几艘帆船被英、荷联军及时俘去外，绝大多数船只连

金灿灿的金砖

同无数的财宝葬身海底。

　　这批沉入海底的财宝究竟有多少？据被俘的西班牙海军上将恰孔估计：这些黄金珠宝，可以装满 4000 ～ 5000 辆马车。

　　不幸的是，从陆路运往马德里的约 1500 辆马车的黄金也不安全，一路上屡遭强盗抢劫。据说，有上百箱的财宝被埋藏在西班牙庞特维德拉山区的一个神秘的地方。

九 · "圣荷西"号沉宝之谜

　　1708 年 5 月 28 日，是一个风和日丽的日子，一艘装满价值 10 亿美元金条、银条、金币、金灯台、祭坛用品以及各种珠宝的西班牙大帆船"圣荷西"号，从巴拿马启航向西班牙驶去。虽然这时西班牙正与英国、荷兰等国处于敌对状态，航行随时都有受到敌国舰队攻击的危险。但是，"圣荷西"号船长费南德兹，一则他回国心切，二则他认为，大海何其广，哪能就会偏偏遇上敌舰呢？于是，他不顾这些，大胆而又带几分紧张地指挥着他的大帆船继续航行。"圣荷西"号平安地航行了几天，一切都很顺利，船长显得更加轻松和自信了。可是，可能会发生的情况，果然出现了。6 月 8 日，当人们还沉浸在一路平安的喜悦时，突然发现前面海域上，一字排开着英国舰队，此刻他们都傻眼了。在他们还没有回过神来之际，猛然间，炮弹像无数的乌鸦似的飞来，爆炸声震耳欲聋、水柱冲天，几颗炮弹正好落在"圣荷西"号的甲板上，顿时一片火海。"圣荷西"失去了平衡，海水渐渐吞噬着巨大的船体，"圣荷西"号连同 600 多名船员和无数的珍宝沉入了海底。沉船地点，经无数寻宝者的勘察测定，终于有一个大概的范围，那就是大约距哥伦亚海岸 16 英里的加勒比海 740 英尺深的海底。

金锭和金币

十·路易十六珍宝之谜

路易十六是法国历史上横征暴敛、拥有最多金银珠宝的皇帝，因恶贯满盈，1793 年 1 月被资产阶级革命党人在"革命广场"（即今天的协和广场）处死。关于他的大量财宝藏于何处，众说纷纭，大多数人认为，它至少分藏在几个地方，有的甚至不在法国。据说，在卢浮宫地下，就曾埋藏过价值 20 亿法郎的财宝。不过流传最广的还是隐藏在"泰莱马克"号船上的金银珠宝。

"泰莱马克"号是一艘长 26 米、吨位达 130 吨的双桅横帆船。这艘被伪装成商船，由阿德里安·凯曼船长驾驶。在经塞纳河从法国里昂驶往英国伦敦途中，于 1790 年 1 月 3 日，在法国瓦尔市的基尔伯夫河下游，因潮水冲断缆绳，该船沉没。据说船上有原路易十六的黄金 250 万法国古斤（1 法国古斤为 490 克）。原王后玛丽的一副钻石项链，价值 150 万法国古斤黄金，50 万金路易法朗，5 名修道院院长以及 30 名流亡贵族的金银珠宝，还有许许多多的金银制品和祭典圣器等等。1830 年和 1850 年，人们曾打捞过这艘沉船，因打捞作业中缆绳都断了而未获成功。1939 年，一些寻宝者声称已找到了"泰莱马克"号残骸，但在船上只找到五把铜烛台和一些鞋扣。那么，人们不免怀疑寻宝者声称找到的"泰莱马克"号残骸，是真的"泰莱马克"号吗？一些历史文献和路易十六家仆的一位后裔认为，路易十六当时的确把这笔财宝藏在船上企图转移到国外去。因而，这笔财宝的下落，仍然是个不解之谜。

价值不菲的钻石项链

十一 · 加拿大钱坑藏宝之谜

著名作家马克·吐温的名著《汤姆·索亚历险记》是全世界千千万万的少年最熟悉的故事，书中的海盗藏宝的描述是那样神秘、细腻和精彩，于是它的故事深深铭记在少年们的心中，每个人都会讲述"海盗的宝藏都是装在破木箱里，埋在老枯树下，半夜时，这棵树的树枝阴影所落下的地方就是藏宝之处"这样一段精彩的故事。无独有偶，"钱坑"藏宝几乎就是这个故事的翻版。

1795 年 10 月，三位少年登上离加拿大海岸仅有 3 英里的橡树岛旅游。他们发现在朝海一面的大片红橡树林中突然出然一片空旷地，这块地的中间独立长着一棵古橡树，树枝上好像挂过一个古船的吊滑车似的，正下方有一个浅坑，根据迹象判断，这里可能埋有海盗的宝藏。

原来，橡树岛在 17 世纪时是海盗出没之地，有一个叫威廉·基特的著名海盗，1701 年在伦敦被处决前，他提出一个交换条件，若能免他一死，他愿意告诉一个埋有大量宝藏的地方。但他的要求被拒绝了。毫无疑问，他的藏宝秘密同他一起离开了人间。那么，基特的宝藏是否就埋在此地呢？

三位少年开始挖掘。起先，他们发现那沙坑像个枯井，后来，他们发现每隔 10 英尺就碰到一块橡木板，因这坑太深了，不是这三位少年之力能所为的，他们只好放弃了挖掘工作。

1803 年，有一群人继续了这个坑的挖掘工作，当挖到 90 英尺深时，他们发现了一块刻有神秘符号的石板，经专家破译，意思是：在此下面 40 英尺埋藏了 2000 万英镑。人们欣喜若狂，他们一边抽水一边挖掘，在一天晚上用标杆探底时，在 98 英尺

英国古钱币

深处触到类似箱子那样的硬物，他们以为宝藏马上就唾手可得了，于是他们热烈地讨论着如何瓜分这笔财富。可是，到了第二天，当人们高高兴兴地来到坑旁，准备把坑内的财宝取出来时，他们惊讶地发现，坑内积水已达 60 英尺深，于是希望成为泡影。

仍不死心的寻宝者又陆续做过 15 次挖掘，耗资 300 万美元。1850 年，人们发现了一个奇怪的现象。在退潮时，"钱坑"东面 500 英尺的海滩上，就像饱含海水的海绵受了挤压那样，海水不断从沙滩下冒出来。同时，他们还发现了一套精巧复杂的通向"钱坑"的引水系统，使"钱坑"变成了一个蓄水坑。

于是人们作出一个推论：海盗将"钱坑"挖得很深，然后从深处倒来挖出斜向地面的侧井，宝藏可能离"钱坑"几百英尺远而埋在斜井的尽头，离地面不过 30 英尺深，这样不仅可以迷惑掘宝者而海盗们自己又能轻易地挖出藏宝。

1897 年，人们又在 155 英尺深处挖出了一件羊皮纸卷，上面用鹅毛笔写着两封信。有的人还挖出了铁板，这些发现更使人相信：海盗们埋了一笔巨大财富。20 世纪初，人们估计这笔财富至少有 1000 万美元。到 60 年代，便传说有 1 亿多美元了。

在"钱坑"挖掘时，曾有一个传说：必须死掉 7 个人才能揭开其秘密。到目前为止，已有 6 人在企图到达坑底途中丧生了。看来，也许真正揭开秘密已为期不远了。

现在，一个由加拿大和美国人组成的联合公司正在对"钱坑"进行前所未有的大规模发掘。他们投资 1000 万美元，在岛中心钻了一口巨井，有 20 层楼那么高的深度。还在其他地方钻了 200 个洞，有的深达 165 英尺，已接近基岩。钻头从地下带出了一些金属制品、瓷器、水泥等东西。这家公司还计划再挖一口直径 80 英尺、深 200 英尺的大井，看样子非把橡树岛翻个底朝天，不见"钱坑"藏宝决不罢休。

十二·拿破仑藏宝之谜

1812 年，拿破仑攻入俄国，从克里姆林宫夺走了大量的珍宝。但是，这批珍宝，拿破仑并没有运回到自己的国家，而被扔在通往斯摩棱斯克公路边的一个小湖中了。据沃尔特司的小说《拿破仑的一生》记载，拿破仑与他的军队劫夺到的战利品足足装满了 15 辆马车。他们在运走这批财宝时，曾在维亚济马附近呆过。因此，这个地区就成了后来寻宝人的目标地区。在 20 世纪 60 年代初，有一批专家发现，在维亚济马的斯托切湖长 40 米、宽 5 米的地带有大量的金属制品。而且还发现湖水中银的含量甚至高出一般银矿石的百倍以上，于是，一位俄罗斯记者尼古拉·瓦尔谢科夫推测："当时那些战利品被扔进的湖，可能就是斯托阿切湖。"

后来，曾有过一些寻宝者到这湖中探测，但因湖中淤泥太多，没有任何收获，至今，拿破仑这批珍宝藏在何处？仍然是个不解之谜。

十三·"中美洲"号沉宝之谜

1849 年，美国加利福尼亚州发现了大金矿，这消息不胫而走，顿时便掀起了一股狂热的淘金浪潮，淘金者从世界各地蜂拥进入美国，其中也包括许多中国人。他们去的地方，就是那闪闪发光的名字 — 旧金山。淘金者们在那荒山野岭里风餐露宿，不分白天黑夜地挖呀，淘呀，疾病夺走了许多人的生命，环境的恶劣、生活之艰苦，使许多人几乎难以生存，为了争夺一寸含金之地而发生械斗和流血更是常有的事。一年一年过去了，一批一批经不住艰苦生活环境和繁重工作折腾的人葬尸山野，而一些有运气的人，却也慢慢发了。一群群的人带着用血汗换来的金子准备离开这块有吸引力而又非常艰辛危险的地方。

1857 年，一批淘金者携带着大量黄金告别他们曾辛勤工作过的地方，他们先从旧金山搭船到巴拿马，再搭骡车横越巴拿马地峡，最后再乘船前往纽约。这群人离开巴拿马两天后，也就是 1857 年 9 月 10 日，他们乘坐的"中美洲"号汽船在佛罗里达群岛海面遭到飓风袭击。船舱被狂风巨浪击穿，海水像山洪一样涌了进来，锅炉的火被熄灭了，船体缓缓下沉，生还的希望破灭了。这时人们自动组织起来进行自救，妇女和儿童们被送上了救生艇。后来这些人获救了。但是 425 名淘金者连同他们来之不易的大量黄金以及运往纽约银行的 3 吨黄金却全部葬身海底。

1988 年 8 月，寻宝者汤普森和他的同伴，利用机器人发现了"中美洲"号残骸，迄今已打捞出一吨多黄金和许多贵重物品，但这仅仅是该船沉宝的一小部分。据估计，该船沉宝的价值不下 10 亿美元。

十四 · 世界第八奇迹 —— 琥珀厅失踪之谜

琥珀厅曾称琥珀室，它最初是德国 18 世纪的一件巨型艺术珍品，后来转到了俄国。1711 年，有一天，普鲁士国王腓特烈一世异想天开，要利用波罗的海的"黄金"—— 琥珀，建造一个美妙绝伦的琥珀室。于是他请来欧洲最好的工匠，耗时十年，终于把这个称为"天字第一号珠宝盒"的琥珀室建造起来了。这个琥珀室呈方形，足有 55 平方米的面积，室内的护壁和所有饰物全部都用琥珀镶嵌而成，共用了 6 吨琥珀。而且琥珀上面还饰满了钻石、绿宝石、红宝石等名贵宝石。在琥珀室中，还摆设了 150 尊雕像、浮雕、族徽等等，它们甚至都是用整块的琥珀制作的。建好的琥珀室，处处皆是珠宝，金碧辉煌，流光溢彩，被称为世界第八奇迹。

琥珀室在柏林只保存了 5 年。在腓特烈一世去世后，他的儿子为了讨好俄国，把它送给了彼得大帝。1717 年 4 月，琥珀室被拆下来运往俄国。到俄国后，先后暂时存放在彼得堡的旧冬宫和新冬宫。1755 年才最终安置在彼得堡郊外的叶卡捷琳娜宫。

18 世纪中叶，对珠宝极为痴迷的叶卡捷琳娜二世，认为现有的琥珀室还不够气派，于是，她下令对这座琥珀室进行重新装修。1770 年装修完成后，琥珀室成为一个面积达 200 平方米的富丽堂皇的大厅，所以此后就称为琥珀厅。这个大厅华丽得让人眼花缭乱，叹为观止。当 565 枝蜡烛照亮整个大厅时，烛光洒在珠宝上，流光四射，令人目眩神驰，心潮澎湃。

1941 年 6 月，希特勒发动侵苏战争。当年 8 月，希特勒的军队打到了彼得堡的近郊，仓促撤退的苏军，只来得及用硬纸板将琥珀厅覆盖起来，没能迁走。结果，

琥珀厅

琥珀厅落入德军之手。后来，东普鲁士纳粹党部头目科赫亲自安排将琥珀厅拆下来，运到柯尼斯堡博物馆，并把它重新安装起来。1944 年，在盟军大举进攻前，德军又将琥珀厅拆下来，把它分装在 30 个大木箱里准备运走。人们最后一次看见这批艺术珍品是在 1945 年 1 月 22 日，它停放在柯尼斯堡火车站的一列车厢里。从此，这件"世界第八奇迹"就失踪了。

第二次世界大战结束之后，人们一直在寻找琥珀厅的下落，在长达半个世纪的调查中，人们曾挖掘过 28 处地堡，啤酒窖等一些可疑的地方，但是总是扑朔迷离，一无所获。

1991 年 1 月，俄罗斯总统叶利钦访德期间，在德国联邦议院外交委员会，他一语惊四座，他说："我知道琥珀厅藏在哪里。如果你们批准，我们可以一起把它挖掘出来。"然而，话到紧要处，他又三缄其口。

现在，将近 20 年已经过去了，叶利钦还是没有把琥珀厅的秘密透露出来，琥珀厅的踪影仍然是一个谜。看来，叶利钦只是开了个大玩笑而已。

十五·隆美尔藏宝之谜

隆美尔是希特勒的一名干将，以"沙漠之狐"闻名。1941～1942年，他在侵略非洲时曾疯狂地掠夺财宝。据说，他的财宝装满了6个大金柜，每个大金柜重一吨以上。1943年9月28日晚，科西嘉岛临近解放时，他命令一个名叫彼得·佛莱格的盖世太保和6名海军军官迅速将他的财宝转移。于是他们把财宝装在一艘小艇上向意大利的拉斯白查驶去。在途中，出于种种原因，佛莱格决定将其中3箱沉入科西嘉岛沿岸，离德进斯蒂亚13海里的浅海中；其余3箱则埋入秘密的山洞中。后来，押运这批财宝的六位军官都相继死了。活下来的佛莱格也成了疯子，隆美尔的宝藏在何处又成了难解之谜。

十六·墨索里尼藏宝之谜

1943年，在墨索里尼意识到他的末日即将来临的时候，他企图逃到南美去过隐姓埋名的生活。为了以后的日子，他带了100个大箱子，每个箱子都装满了其掠夺来的黄金、宝石和其他珍宝。但他逃亡的消息被暴露了，当他得悉他被意大利游击队尾追时，为了减轻行装，他只好仓皇将他携带的财宝埋藏在米兰以北的东林小镇附近的湖里。二战以后，有许多寻宝者在寻踪这笔财宝，虽然有一部分已被发现，但大部分至今仍不知藏在何处。人们认为，在意大利，除东林宝藏之外，至少还有七个地方藏有纳粹的宝藏，如勒色林财宝、福斯希加潜艇宝藏，南太罗的宝藏等。

十七·希特勒藏宝之谜

1943年，在墨索里尼的统治岌岌可危的时候，希特勒为了帮助这个独裁者维持苟延残喘的困境，下令用飞机运去相当于1亿美元的黄金支援墨索里尼，可是，作恶者总是得不到好报，这架飞机在阿尔卑斯山的阿丹墨罗峰触山坠毁了。1945年，一位瑞士向导宣称，他在山中见到过飞机和驾驶员的残骸。但当他带领一群人前往搜索时，发现一条移动的冰河掩盖了这个地方，飞机残骸、黄金均已无影无踪。

1949年，奥地利的警察在美国占领区拘捕了一个名叫兰兹的嫌疑犯，发现他的外衣内缝有一张奇怪的单子，上面列有瑞士法郎、美钞、黄金、钻石、鸦片等总值一亿一千五百万美元的东西。签署这张单子的是纳粹德国少年先锋队的史坦弗·佛罗利屈。但是这些宝藏存放在何处，兰兹决不吐露。

金砖、金锭、金币和美钞

事有凑巧，1950年5月19日，美国驻奥地利占领军拘捕了一个正在一座寺院里埋藏一个箱子的人，此人名叫希姆尔，箱子里装有500多万美元的现钞和金条。经审讯，他供认这个箱子是史坦弗·佛罗利屈将军叫他保管的。这位将军因此被捕了，他承认，希特勒曾命令他保管战时所掠夺来的财宝，至于这些财宝藏在什么地方，他守口如瓶。

十八·马尼拉湾银比索之谜

1943 年，在东南亚作战的美军被日军驱赶到菲律宾的克里基德岛上。这个岛是菲律宾国家金库所在地，在那里存入了很多很多的银比索。不久，克里基德岛也守不住了，在日军登上这个岛之前，美军匆忙地把大量的黄金和银比索装上一艘小艇运到美国去，同时把一亿二千万美元的菲律宾纸币付之一炬。

在美军撤退时，一位哈里森号布雷艇艇长奉命把一千六百万枚来不及运往美国的银比索投到大海中去。于是艇长指挥着士兵们，凭借夜幕的掩护，将小艇驶入马尼拉湾。一连几个晚上，将数百箱装满银比索的大箱子一只一只沉入水中，同时，在沉没处设立浮标作为记号并画了草图。不幸的是，在最后一个晚上，日军的炮火击中了浮标，这样，这批银比索的投放地的标记就消失了，银比索也同时就消失在茫茫的大海之中。美军中，知道浮标确切位置的仅有三人。可是，第一个人后来中弹身亡了；而第二个人却又完全忘记了浮标的确切的经纬度；最糟糕的是，第三个人又把浮标的草图丢了。所以，现在这批银比索成了沉入海底的哑谜。

1944 年，在战局好转之后，美军司令部命令一位名叫拜伦·霍利特的海军中尉前往上述海域寻找两年前被抛入海中的银比索。潜水员们用了三天时间，幸运地找到了几只箱子，合计捞上了 12000 枚银币。这可谓旗开得胜，他们高兴极了。后来，他们又继续找了一个多月，可是，他们倒运了，白费了许多努力，却什么也没有捞到。于是，他们只好决定放弃这个地区，转移到附近的一个海区去作业。幸运之神再次降临，他们放下去的第一个大铲斗，当铲斗提上来时，他们都惊呆了，铲上来的竟是满满一铲斗的银比索，他们派了一名潜水员下到海底去侦察，这名潜水员一到海底就兴奋地报告说："我碰到银比索啦，我身旁有 5 箱，后边还有 20 多箱啰。"
舰艇上马上放下一只大桶去，潜水员很快就将银比索把大桶装得满满的，然后吊到
舰艇上来，就这样，天天从海底吊上一桶桶的银比索，一共持续了十个月。但后来，
海底的宝藏就越来越难找了。据计算，被捞上来的银比索只有沉没的 1/3。现在仍然
有 1678000 个银比索沉睡在马尼拉湾的海底，也许它们仍在作业的相邻海区也说不定。

菲律宾银比索

十九 · 山下宝藏之谜

山下奉文是日本二战时候侵占东南亚地区的一位名将,有"马来亚之虎"之称。据说,到了二战的后期,日军败象已露,山下奉文奉命将战争中掠夺来的数百吨黄金秘密埋藏在菲律宾的 170 个地方。"山下宝藏"由此得名。

菲律宾在马科斯长达几十年的统治期间,为了得到"山下宝藏"曾不断地在全国范围内秘密搜寻这些宝藏。有传说称,马科斯曾发掘到一尊来自缅甸的"金菩萨",这菩萨的头部可以取下来,里面藏有钻石和其他珠宝。后来又传出马科斯又挖到了30 吨黄金,这些黄金辗转香港和纽约,最后全部运到瑞士,被秘密地藏在苏黎世机场的地下免税仓库里。

关于"山下宝藏"有种种不同的议论,有人认为:二战时期的东南亚地区还是很穷的地区,根本不可能有那么多的宝藏;还有人认为,所谓马科斯找到了"山下宝藏",完全是马科斯家族施放的"烟幕弹",其目的是用来掩盖马科斯独裁统治期间,横征暴敛所掠夺的大量不义之财。总之"山下宝藏"是真是假,仍然是一个未解之谜。

金佛像

二十·中国平潭岛沉宝之谜

平潭岛是我国福建沿海的一个岛屿。1945 年 4 月 1 日夜里 11 时，日本一艘吨位为 11249 吨的客货船"阿波丸"号，在平潭岛附近，被美国第 17 海上机动部队的潜水艇"皇后鱼"号击沉。近半个世纪以来，因为传闻"阿波丸"号装载有大量财宝，许多国家和地区的寻宝人都想去打捞这艘沉宝。令人惊讶的是，1972 年美国尼克松总统首次访华时，送给中国领导人的一份见面礼，竟是"阿波丸"财宝的清单。这

美丽的平潭岛

清单上开列着：黄金 40 吨，白金 12 吨，工业金刚石 30 公斤，珠宝、工艺品 40 箱及大量的纸币、证券等。同时表示美国希望参与打捞工作。

中国最高领导层很重视尼克松总统这份见面礼，有关领导人批示：要海军与交通部主持寻找打捞"阿波丸"事宜，代号为"77·13 工程"。

1977 年 4 月 28 日，福建平潭岛上一间保密的会议室里正在开会讨论寻找"阿波丸"的计划。会议在种种议论中进行，后来，主持会议的福州军区某负责人问大家："找到这条船要多少时间，一年能否拿下？"一位与会者语惊四座："我的计划是 7 至 10 天，五一放假我不休息，出海看看。"这个人就是我国潜水事业的创建人，中国人民打捞公司第一任经理张智魁。

5 月 1 日，在张智魁的指挥下，"沪救捞 2 号"，"沪救捞 7 号"和海军猎潜艇组成的小分队出发了。根据渔民反映，在牛山岛以东 10 海里的地区，水下有障碍物挂渔网。海军的声呐探测，水下也有可疑目标。张智魁凭他掌握的资料和分析，认为"阿波丸"在此位置的可能性极大，于是决定派老潜水员马玉林下海看看。半小时后，马玉林喘着粗气冒出水面报告说，海底确有一条断成两截的沉船，桅杆上挂着破渔网。张智魁急忙问桅杆有多粗？马玉林用手做了一个比划，表示桅杆很粗。张智魁高兴了，他断定，这就是沉船"阿波丸"号。因为根据这一带的沉船记载，只有"阿波丸"是万吨级的，桅杆才有那么粗。接着再下去两位老潜水员，40 分钟后，一位潜水员竟抱上来一块亮光光的重约 40 公斤的大锡锭，上面还刻有"大日本—东洋"和"BANKA—PP"的字样。这是资料中记载"阿波丸"装载有千吨锡锭的实证。同时，两块木制的铭牌上写着"杉浦隆吉"和"横尾八郎"，这是资料记载日本乘员的名字。毫无疑问，这就是"阿波丸"！一年的寻船计划，竟然一天就实现了，这简直是个奇迹。

　　打捞工作却不像发现那么顺利，而是迟缓而又艰难地进行着。3 千吨锡锭打捞上来了，卖给了香港一家公司，获得了 5000 多万美元。但到了后来，打捞工作更加艰难了，海上风大浪险，潜水又受到水深的限制，张智魁也因另有高就调离这项工程的指挥工作。打捞工作陷入了困境。1980 年 1 月，报纸登出消息："阿波丸" 6 个船舱的装载物基本打捞完毕。接着新华社又以正式消息公告世人：从 1977 年开始的清理牛山岛渔场水下障碍物，打捞日本沉船"阿波丸"残骸的作业，经过三年时间，已基本完成。这两则消息把张智魁震惊了。他找到打捞"阿波丸"的总负责人问道："资料记载的 40 吨黄金，12 吨白金，数十箱钻石珠宝找到了吗？"负责人说："没有找见，经判断没有！"张智魁发火了，他提出了一连串的责疑："你们越过沉积泥沙到过船长室吗？— 没有！到过贵宾室吗 — 又是没有！找见那 4 ~ 6 个保险柜子吗？— 还是没有！连这些地方你们都没有探到，你们有何根据做出'经判断，没有'的结论呢？你们要知道，数十吨的黄金珠宝，在万吨轮上只占很小的空间呀！甚至可能在某处船舱的小小夹层里就可以藏匿起来。"被问者无法回避这些一针见血的质疑。

　　30 多年过去了，平潭岛外"阿波丸"沉宝之谜仍然还是个没有完全揭开之谜。

　　这个故事到此，似乎已经讲完了。但是，2004 年 9 月，一则有关北京周口店，北京人头骨化石下落之谜的报道，有人认为，1941 年被侵华日军抢走的北京人头盖骨化石也装在"阿波丸"船上，由于这个推测，使"阿波丸"沉船之谜再起波澜，又产生了新的谜中之谜。不过，我们宁愿相信这个推测不是真的。如果"北京人"真的在"阿波丸"船上，这可就不好了。那么脆弱的头盖骨化石，哪里经得起六七十年的波翻浪滚、海水侵蚀呀！

第 **8** 章

带血的珍宝文物

一·英法联军火烧圆明园抢劫珍宝文物知多少

圆明园坐落在北京西北郊，始建于康熙四十六年（1709 年），由圆明园、长春园、绮春园三园组成。除此之外，它还有许多属园，分布在圆明园的东、西、南三面。如香山的静宜园、玉泉山的静明园、清漪园（后以此为基础建成颐和园）。康熙把该园赐给四子胤禛（后来的雍正帝），并赐名为圆明园。圆明园周围连绵 20 里，全园面积达 5000 多亩。

圆明园的建筑精妙绝伦。它不仅汇集了我国江南若干名园的胜景，而且创造性地移植了西方园林建筑，集当时古今中外造园艺术之大成。园中有宏伟的宫殿、有轻巧玲珑的亭台楼阁；有象征热闹市井的"买卖街"，有象征农村景色的"山庄"，有仿照西湖的平湖秋月、雷峰夕照，有仿照苏州狮子林和海宁安澜园的风景名胜；还有依照古代诗人、画家的诗情画意建造的蓬岛瑶台、武陵春色等等。圆明园是中国人民建园艺术和文化的典范。曾有幸目睹圆明园的西方人，惊叹地说，圆明园是一座"万园之园"！

不仅如此，圆明园还是一座堆满奇珍异宝，充满人类文明历史的文化宝库。里面珍藏有无数的金银珠宝、绫罗绸缎、钟鼎宝器、极为罕见的历史典籍、珍贵的历史文物、宋元瓷器等等。据有关专家估计，圆明园所藏文物不少于 150 万件。

　　1860年10月6日，两个强盗，就是英法联军，闯入圆明园，实行了空前绝后的、疯狂的大规模的抢劫。据参与并目击劫掠现场的英法军官、牧师、记者描述：军官和士兵、英国人和法国人，为了攫取财宝，从四面八方涌进圆明园，纵情肆意、予取予夺、手忙脚乱、纷纭万状。他们为了抢夺财宝，互相殴打，甚至发生过械斗。因为园内珍宝太多，他们一时不知该拿何物为好。有的搬走景泰蓝瓷瓶，有的贪恋绣花长袍，有的挑选高级皮大衣，有的去拿镶嵌珠宝的挂钟；有的背负大口袋，装满了各色各样的珍宝；有的往外衣宽大的口袋里装进金条、金叶；有的半身缠绕着织锦绸缎；有的帽子里放满了红宝石、蓝宝石、珍珠和水晶石；有的脖子上挂着翡翠项链。有一处厢房里高级的绸缎堆积如山，据说足够半数的北京居民穿用，却被士兵们用大车运走了。有一个英国军官从一座有500尊神像的庙里掠走了一尊金佛像，此佛像可值1200英镑。一个法国军官抢劫了价值60万法朗的财物。法军总司令孟托邦的儿子掠夺的财宝装满了好几辆马车，价值至少30万法朗。一个名叫赫利思的二等带兵官，一次即从园内窃得两座金佛塔（均为三层，一座高7英尺，一座高6.4英尺）及其他大量珍宝，找了7名壮夫替他运回军营。他们抢劫了所有的宫殿，抢劫全部房屋，他们还抢劫了皇帝的金库。金库里满屋子都是金锭、银锭，以及珠宝。尤其是存放的大量朝珠，它们都是用琥珀、珊瑚、珍珠、宝石做成的。这些金库里的珍宝，全部由英法两军平分。他们还抢劫了皇室的许多储藏室和仓库。储藏室里装满了一箱箱的皮货、瓷器和绣花的衣鞋。衣料库房里存放的高级绫罗绸缎，堆得仓满库满，多得不计其数，这些财物，除一部分遭蓄意糟蹋外，全部都被士兵们用大车拉到其军营里去了，后来，所有这些赃物都被他们运回国去。据说，英王和法王都获得了珍贵的"战利品"。英国侵略军司令格兰特送给英国女王的"礼物"是两个美丽的大

《圆明园40景色图——勤政亲贤》（清乾隆，现藏法国国家图书馆）

《圆明园 40 景色图——平湖秋月》（清乾隆，现藏法国国家图书馆）

《圆明园 40 景色图——蓬岛瑶台》（清乾隆，现藏法国国家图书馆）

珐琅瓷瓶。法军司令孟托邦把抢到的两块黄金和碧玉做成朝笏，一块交给格兰特转献给英国女王；另一块献给法王拿破仑三世。回国后，孟托邦又献给拿破仑三世许多东西：两根将军的装饰杖，用金子做成，两端和中间都镶有很大的宝石。一件乾隆皇帝御用甲胄、一顶战盔、鎏金和釉的铜宝塔、好几座用黄金和釉做的神像、许多戒指、项圈、酒杯、漆器、瓷器以及数以千计的珍奇玩物。

闯入圆明园的英法联军，其洗劫行动达到了极其疯狂乃至令人发指的程度。他们把能拿的都拿走了，他们把能搬动的都搬走了。对于那些搬不走移不动的，他们就抡起大棒，把它们砸得粉碎。最后，英法侵略军把圆明园洗劫一空之后，大概是10月7日，为了掩盖罪行、消灭罪迹，一些士兵在军官指挥下放火烧了圆明园、长春园和绮春园。这是英法联军第一次火烧圆明园。英法联军的抢劫行动还在继续。这伙强盗后来又抢劫了万寿山、玉泉山和香山等几处属园中所藏的珍宝文物，10月18日，英国全权大臣额尔金，在英国首相帕麦顿的支持下，正式下令放火烧毁圆明园。接到命令的士兵们举着火把，像发了疯似的狂呼怪叫，满园奔跑，四处点火。一时间，20里圆明园到处浓烟滚滚，烟雾压城、火光冲天。火烧建筑木料的噼噼啪啪的炸裂声，宫殿倒塌的隆隆声，此起彼伏，这种悲惨情景，令人触目惊心、撕心裂肺。熊熊烈火烧了三天三夜，这座世界上最美丽的名园化为一片焦土。圆明园被劫走的珍宝和文物，现在多被藏展在许多国家，特别是英、法、日等国的博物馆中，读者可参阅"流失海外的我国珍宝文物知多少"一节内容。这完全是这伙强盗"不打自招"的罪证。

《圆明园40景色图——方壶胜境》（清乾隆，现藏法国国家图书馆）

《圆明园40景色图——长春仙馆》（清乾隆，现藏法国国家图书馆）

象尊 （商代，现藏法国吉美亚洲艺术博物馆）

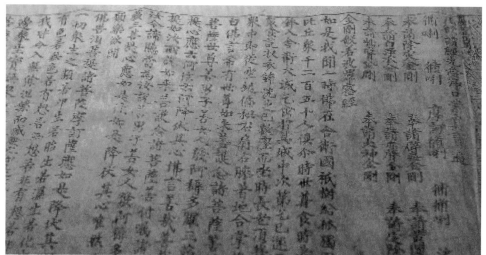

《金刚经》
（唐代，现藏英国大英博物馆）

圆明园 12 生肖兔鼠铜首（清代，现被法国私人收藏）

双耳细颈椭圆土罐
（新石器时代，现藏英国大英博物馆）

二·八国联军抢掠我中华珍宝文物知多少

八国联军是指英国、法国、德国、俄国、美国、日本、意大利、奥地利八国组成联合侵华军队。1900年6月17日，他们攻占我大沽炮台，然后一路烧杀。8月14日凌晨到达北京城外，8月16日北京沦陷。进攻北京时，侵略军把西北太平仓胡同的庄亲王府放火烧光，当场烧死1700人。德国侵略军奉命"在作战中，只要碰见中国人，无论男、女、老、幼概格杀勿论"。法国军队路遇一群中国人，竟用机枪把人群逼进胡同，连续扫射15分钟，不留一人。日本侵略军将抓捕到的中国人，施以各种酷刑，竟丧心病狂地试验一颗子弹能穿透几个人，或者故意向身体乱射，让人身中数弹、百孔千疮才痛苦地死去。当时的惨状，据记载，"城破之日，洋人杀人无数，但闻枪炮轰击声，妇幼呼救声，街上尸体枕藉"。

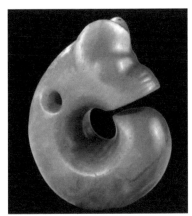

翡翠盘龙
（新石器时代，现藏英国大英博物馆）

康侯簋（西周，现藏英国大英博物馆）

　　北京被占领后，八国联军统帅、德军元帅瓦德西发布命令，特许官兵公开抢劫三天。事实上，大劫三天之后，各国军队又还继续抢劫多日。八国联军的洗劫行动，亘古未有。不管是皇宫禁地、坛庙陵寝、官署部衙、王公府第乃至民间店铺、平民家室都不能幸免。俄国最高指挥官阿列科谢也夫等人，把慈禧寝宫中用黄金和宝石精制成的数十件珍宝洗劫一空。法国侵略军统帅佛尔雷一个人抢劫到的珍贵财宝就有四十箱。八国联军抢走北京各衙署存款 6000 万两白银。日军劫走户部库存白银 2914856 两，以及无数的绫罗绸缎。法军抢劫礼王府白银 200 万两和数不清的古玩珍宝，用大车拉了七天。据内务部和朝廷大臣奏折反映，宫中被抢走的珍贵文物有：《长白龙兴》4 册、《历圣图像》4 轴、《历圣翰墨真迹》14 册、《王牒草稿》76 册、《穆宗实录》74 册、《光绪起居注》45 册、《光绪御翰》8 册、慈禧太后御笔 1 支、光绪御容 1 副、虎钮银印 34 颗、满洲碑碣 6 册、历代帝王后妃图像 120 轴、《丙夜乙览》135 册、《宁寿鉴古》18 册、《皇华一览》4 册、四库藏书 47506 本、宫外未见之各种古本善本图书 20 种。1860 年英法联军劫掠仅存的明代《永乐大典》（全书共 22870 卷）又丢失了 307 册。清代《四库全书》（全书共 7 套，79309 卷）1860 年被英法联军毁坏一套，这次又被八国联军毁掉数万册。翰林院收藏的许多宝贵书籍亦遭抢掠糟蹋一空。

　　法军在户部尚书立山的家中抢劫 365 串朝珠和价值 300 万两白银的古玩。日军从原军机大臣家中抢走藏在井中的 30 万两白银。法国天主教主教樊国梁从一个清朝官员家里抢走价值 100 万两白银的财物。其他王公大臣，没有一个没遭劫的。

　　我们再看看坛庙被劫的情况。北京四坛 —— 天坛、地坛、日坛、月坛的镇坛之宝，苍璧、黄琮、赤璋、白琥均被盗走。据不完全统计，北京坛庙被抢劫的情况：

鎏金编钟（清代，现藏法国巴黎枫丹白露宫）

景泰蓝大香炉（清代，现藏法国巴黎枫丹白露宫）

玉琥（汉代，现藏法国巴黎吉美亚洲艺术博物馆）

天坛损失祭器 1148 件。社稷坛损失祭器 168 件。嵩祝寺损失镀金佛像 13 尊、瓷瓶 12 对、镀金器物 40 件、银器 65 件、铜器 4300 余件、幢幡 70 堂首、锦缎绣品 1400 余件、竹木器 11 堂份、墨刻珍品 1600 余件、乐器 100 余件。就连太和殿前存水的铜缸上面的镀金，也被侵略军用刺刀刮走，至今刮痕斑斑在目。

六部九卿等各衙署俱被各国军队占为营房，亦遭疯狂洗劫。銮驾库丢失辇乘 21 乘、銮驾 1373 件、车轿 12 件、玉宝 2 件、皇妃仪仗 282 件、皇嫔彩仗 84 件、新旧云盘伞各 1 件、锦缎旗 133 件、象牙 9 只、象鞍 2 盘、战鼓 2 面、更钟 2 架、静鞭 2 件以及随什物等等。

昭君出塞图罐（元代，现藏日本出光美术馆）

　　法国和德国侵略军还争相抢劫位于城东的古观象台的天文仪器。德军抢走的有天体仪、纪限仪、地平经仪、玑衡抚辰仪、浑仪等等。

　　八国联军抢掠老百姓的商铺财宝的情况，有位目击者说，各国洋兵，俱以捕孥义和团、搜查枪械为名，在各街各巷挨户踹门而入，卧房密室，无处不至。翻箱倒柜，无处不搜。凡是银钱钟表、软细值钱之物，劫掳一空。稍有拦阻，即被残害。东四一带的商店被抢劫一空。著名的"四大恒"金号，全部被抢。地安门以东，东安门以北，房屋被焚毁十之七八。前门以北，东四以南房屋几乎全部被毁。

更有甚者，命运多舛的圆明园，四十年前被两个强盗一把火烧成焦土，没想到四十年后却来了八个强盗，遭到了更加残酷无情的浩劫。第二次鸦片战争结束之后，同治年间，慈禧太后还念念不忘圆明园。在她的授意下曾试图择要重修。曾修葺过双鹤斋、课农轩等景群。但开工不到十个月，因财力枯竭被迫停止。这时的圆明园，加上英法联军火烧圆明园幸存的十三处建筑，如蓬岛瑶台、藏舟坞、绮春园的大宫门、正觉寺等，还有点园子的影子。但是八国联军侵略者还是不放过它。他们再次闯入圆明园，经地毯式地大肆抢掠之后，又一次纵火将幸存的十三处建筑和经修葺的建筑完全烧毁。这伙强盗掠夺了园内大批艺术珍品。大水法前的十二生肖铜塑厄运难逃。它们的头被野蛮地割走。石雕被砸毁。珍贵的商周青铜器、历代的陶瓷器、古代名人书画、清朝皇帝的御玺、玉如意、时钟、金塔、玉磬等宫廷陈设品。还有清代的瓷器、漆器、玉器、牙雕、珐琅、景泰蓝、珊瑚、玛瑙、琥珀、水晶、宝石、朝珠、木雕等精美珍宝均被掠走。曾被媒体大加宣传的十二生肖铜头像，只是圆明园失窃文物的沧海一粟。现在，这十二生肖头像中，有6首已回归祖国（其中龙首在台湾），2013年4月，有媒体报道，法国某公司打算把其从私人手中购得的鼠、兔头像归还给中国，这是值得赞赏的行动。若果真如此，目前仍下落不明的还有蛇、羊、鸡、狗首。这些带着中国人民血迹的珍宝文物，也被堂而皇之在世界各大博物馆展出。这可是八国联军侵略中国这段历史的罪证。

三 · 侵华日军掠走中国珍宝文物知多少

从 1931 年至 1945 年长达 14 年之久的侵华战争中，日本侵略者对我国人民实行了残酷的抢光、烧光、杀光的 "三光" 政策。不但千千万万的人民葬身于侵略者的铁蹄底下，而且将我国的金银财宝、稀世文物洗劫一空。到目前为止，我国被侵略者掠夺走的金银珍宝到底多少，还是无法统计。仅就从被美国击沉的一艘装运从中国掠夺的财产运回日本的 "阿波丸" 号船上的财宝，就可见一斑。船上装有黄金 40 吨、白金 12 吨、工业金刚石 30 公斤，珠宝、工艺品 40 箱等等。还有从中央造币厂劫走的铜镍币 1100 多吨。

在被日本侵略者劫走的珍宝中，最为贵重的是一件世界级国宝 —— 北京人头盖骨化石。据知，北京人头盖骨化石，长期放在北京协和医院保存。七七事变后，为

曜变天目茶碗（南宋，现藏日本东静嘉文库）　　　　　北京人头盖骨化石（复制品，下落不明）

匽侯旨鼎（西周，现藏日本京都泉屋博物馆）　　楚公家钟（西周，现藏日本京都泉屋博物馆）

了安全起见，经中、美两国双方磋商，暂时从协和医院转出，由美国海军陆战队负责，送到美国本土保管。据当事人回忆。北京人化石被装成两个箱子。大箱中装有7盒标本，有北京猿人头骨、上颌骨、锁骨、鼻骨、牙齿、脊椎骨等数十件。另一小箱中，有北京猿人头骨、山顶洞人女性头骨、山顶洞人脊椎骨、盆骨、肩胛骨等，也有数十件之多。这些化石都用擦显微镜的纸包好，裹上药棉，外边捆上细纱布，妥善装入箱中，箱外还贴上"高级机密"标签。1937年12月5日清晨，装有化石的箱子，由美国海军陆战队队员、军医威廉·弗利携带,乘专列驶离北平,向秦皇岛方向驶去。按计划,他们到秦皇岛后,将带着标本转乘"哈里逊总统号"邮轮前往美国。但是,12月7日,"珍珠港事件"爆发,美国海军陆战队的专列在秦皇岛被日军截获,"哈里逊总统号"也没有如期到达。北京人化石落入日本人手中。从此,这稀世珍宝下落不明。很不幸,近年来,有消息称,北京人头盖骨化石很可能就装在被击沉的"阿波丸"号沉船中。

潇湘卧游图(南宋,现藏日本东京博物馆)

在被日本侵略者劫走的珍宝中，还有一件国宝是中国五大钻石之一的金鸡钻石，在日本侵华战争中，被日本驻山东临沂顾问掠走。

中国名画是日本侵略者掠夺的重要目标之一。早在 1926 年，日本政府就成立了以搜罗亚洲国家文物为目标的"东方历史馆"。中国明代著名画家唐寅的名作《金山胜迹图》就被编号为"真迹 008"，作为攫取的目标之一。侵华战争爆发后，日本的文化特务经多年的侦察，终于探明了这幅名画在南京伪政府主席汪精卫的老婆陈璧君的手中。于是他们到处跟踪陈璧君的行踪。数次企图劫取未果。后来，他们探明这幅名画被陈璧君秘密转存在周佛海一间有钢骨铁门结构的地下密室中。1941 年 1 月 11 日，一个大雨之夜，日本特务头子山本四太郎，带着 10 多名特务，趁汪精卫、陈璧君、周佛海等头子晋见日本官员之机，潜入周佛海家中，用切割机锯开地下室铁门，盗走了《金山胜迹图》，然后纵火烧毁周宅，销毁罪证。从这幅名画的失落，就可以看出，日本侵略者的劫掠，是蓄谋已久，手段无所不用其极。

1937 年"七七事变"后，日本发动全面侵华战争。在疯狂屠杀我国军民的同时，更加变本加厉地抢掠我国的珍贵文物和财产。1937 年 8 月 17 日，日军闯入故宫、颐和园，劫走大量珍贵文物。1942 年 4 月 8 日，日军掠走故宫收藏的铁炮 1406 尊，后来竟用来熔铸枪炮。日军掠夺行为之彻底，甚至把故宫金缸上的金都刮光了。1944 年，故宫博物院再遭日军洗劫，抢走珍贵古籍 11022 册，随后，又先后掠走院内铜缸 54 尊、铜炮 1 尊、铜灯亭 91 座，这些珍贵文物被当作废铜，用来熔铸枪炮。侵略军还从位于故宫午门的北平历史博物馆内劫走珍贵文物 1372 件。

国民政府首都南京陷落后，日军施行惨无人道的 30 万人大屠杀的同时，对城内的珍宝文物也进行大肆洗劫和破坏。据粗略统计，南京市共损失文物 26854 件。其中包括殷墟发掘团所藏商代青铜器、玉器等诸多举世公认的珍贵文物，其中字画 7720 幅，书籍 459579 册。公物方面还损失文玩朵件 648368 件，私人方面损失碑帖 3851 件。

在日本侵华战争中，文物损失较重的文化机构还有：1938 年，日军飞机轰炸河南南阳，河南省立博物馆的珍贵文物 53 件，河南省图书馆所藏 16 箱字画被炸毁。河南省通志馆所藏古籍 8000 册被敌掠走。1938 年，河南开封沦陷时，中央研究院河南省古迹研究所藏文物 6500 件，书籍 3000 册被劫走。1942 年 3 月，武汉沦陷时，西北科学考察团的珍贵文物 2144 件，被日军劫走。1945 年，河南省南阳民族馆被日军焚毁，馆中所藏壁画 64 幅、文物 170 件、古书版 1000 块被化为灰烬。河南省巩县石屈寺造像 200 余尊被毁。

1937 年，上海沦陷时，上海博物馆所藏文物 7425 件、字画 190 幅、书籍 4611 册被日军劫走。安徽省立图书馆损失文物 96 件、字画 298 幅、书籍 138123 册。1944 年，广西省立科学馆被日军焚烧，损失文物 390 件、字画 151 幅。江苏省立图书馆所存元、明古籍善本 417 部被敌劫走。山西省立博物馆所藏先秦铜器、魏、唐造像等诸多珍贵文物被劫掠。1944 年 9 月，福州沦陷，福州私立协和大学被抢劫一空，损失文物 360 件、书籍 28000 余册等等。此外，北京大学、清华大学、武汉大学、浙江大学、岭南大学、金陵大学、中山大学等高等学府所珍藏的珍贵文物和书籍遭劫掠或毁坏的达百万件以上。

猛虎食人卣（商朝晚期，现藏日本京都泉屋博物馆）

四·流失海外的我国珍宝文物知多少

根据联合国教科文组织统计,中国大约有 160 余万件国宝级的珍贵文物流失海外,被世界各地的 200 余家博物馆收藏。一些专家认为,民间收藏的中国文物应是馆藏数量的 10 倍以上。也就是说,在 1600 万件以上。

中国珍宝文物的流失,主要经历三个时期。最早是第一次鸦片战争(1840 年),帝国主义首次敲开了中国的国门,发现中国竟是到处有珍宝而又是如此虚弱的大国。于是,他们萌发了掠夺中国珍宝文物的觊觎之心。这时期主要是以文化侵略为主。各国派遣了各色各样的所谓考古队、探险队,偷偷摸摸地掠夺中国的文化财宝。如 1856—1932 年间,俄、英、德、法、日、美、瑞典等国家,就曾派遣所谓考察队,在我国西北地区考察 66 次。在历次考察中,都大量窃取中国文物,尤其以英国人斯坦因和法国人伯希和在敦煌藏经洞掠走的文物最多。斯坦因窃走 9000 多个卷子和 500 多幅绘画。伯希和窃走 6000 余种书和一些画卷。而今,敦煌遗书在中国国内仅存 20000 件。

第二个时期是第二次鸦片战争(1860 年)、英法联军入侵北京、八国联军占领北京(1900 年)以及日本侵华战争(1930—1945 年),以战争形式,武力抢劫为主。侵略者三次攻占北京城,发生了三次火烧圆明园及疯狂洗劫北京城的事件。日本侵略军还对我东北、华北、华中等地的文物进行大规模抢劫、盗掘。大量珍贵文物被劫走。

第三个时期是内贼自盗,"自毁长城",将盗取的国家之宝贱卖到境外。这时期包括 1911 年辛亥革命后,内忧外患,各地盗掘成风,珍贵文物如潮水般地涌出国门。

1922 年，末代皇帝溥仪"监守自盗"，将六大箱珍贵文物共计 1200 余件盗出皇宫，后经变卖、哄抢，绝大部分已流失海外。1928 年，臭名昭著的军阀孙殿英，野蛮盗掘清东陵慈禧太后陵寝，墓中所藏国宝被洗劫一空，绝大部分被变卖购买军火而散失。此时期还包括，20 世纪 80 年代以来，在非法暴利的刺激下，国内外不法分子互相勾结，掀起一波盗掘、走私文物的狂潮。据不完全统计，近 20 年间，外流文物至少有几十万乃至几百万件。

以下是世界各国著名的博物馆、图书馆中，收藏外流的中国珍宝和文物的情况。

【英国】

英国各大博物馆、图书馆共收藏中国历代文物 130 万件。其中大英博物馆收藏中国书画、古籍、青铜器、雕刻品等珍稀国宝 3 万余件。几乎流失海外的中国古代绘画精品都在该馆。这些文物珍品涵盖了中国近 7000 年的历史。其中许多都是从未面世的孤品。如：数百年间一直为历代宫廷收藏的珍品，东晋顾恺之的《女史箴图》唐代摹本。初唐宗室李孝斌之子、左武卫大将军李思训《青绿山水图》。宋初江南画派代表人物巨然《茂林叠嶂图》。北宋三大家之一的陕西画家范宽《携琴访友图》。号称龙眠居士的安徽李公麟《华石变相图》。宋大文豪苏轼《墨竹图》，唐代的《金刚经》等等。珍贵文物有，新石器时代的且极为罕见的双耳细颈椭圆土罐、翡翠盘龙、商代青铜双羊尊，西周康侯青铜簋，东周青铜簋，刑侯簋，敦煌壁画，汉代玉雕驭龙，唐代玉坐犬等。这些均成为该馆的镇馆之宝。另外，大英图书馆藏有敦煌遗书 13700 件。英国印度事务部图书馆藏 2000 件。

青铜簋（东周，现藏英国大英博物馆）

女史箴图（顾恺之，唐代摹本，现藏英国大英博物馆）

双羊尊（商代，现藏英国大英博物馆）

【法国】

　　法国各博物馆、图书馆收藏中国历代文物约 260 万件。卢浮宫博物馆收藏中国文物在 3 万件以上。其中有原始社会的彩陶器，商周青铜器、瓷器等多达 6000 多件，居海外博物馆馆藏中国陶瓷数量之首。此外，法国国立图书馆收藏敦煌文物达 10000 多件，其中包括北魏的绢写本、隋朝的金写本、唐代的丝绣本、唐代的金书、明代历刻本、大清万年地图、圆明园的 40 景丝绢本。敦煌遗书 6000 件等等。其中敦煌书画的三种唐拓本均为孤品，实为稀世珍宝！法国巴黎枫丹白露宫中的中国馆，收藏了许多 1860 年英法联军从圆明园劫得的、献给法王拿破仑三世和欧也妮皇后的文物珍品。如清代的鎏金编钟、景泰蓝大香炉等。在这个馆内的最显著的位置，摆放的是一座巨大的佛塔。它足有 2 米高，青铜鎏金，通体各层镶嵌着绿松石。塔的左右摆放着一对象牙和一对青铜雕龙，与故宫、避暑山庄等处皇帝宝座前放置的青铜龙形制一样，说明它是圆明园正大光明殿皇帝宝座前的摆设之物。还有一对金罐和一只金曼扎（藏传佛教寺庙的摆设品）。金罐通体如意花纹，闪闪发光。金曼扎镶满珍珠、绿松石和红宝石，非常珍贵。在一个玻璃柜里，陈列着一串大念珠，跟一般 108 颗珠子的朝珠不同，这串珠子共有 154 颗，这是侵华法军司令孟托邦将一串皇帝的朝珠和两串皇后的朝珠串在一起献给欧也妮皇后的"战利品"。在吉美亚洲艺术博物馆藏有非常珍贵的商代象尊和汉代的玉琥等等。

青铜鎏金塔（清代，现藏法国巴黎枫丹白露宫）

【俄国】

俄国是八国联军之一，当年并没少从中国掠夺文物和珍宝。但他们并没有把其所夺"战利品"像其他盟国那样，在博物馆中公开展示出来。可能是因为"十月革命"后，特别是新中国成立后，苏联和中国是盟友，所以他们不愿意把明显打着沙俄帝国侵华印记的窃来品公开于世。他们把这些珍宝藏匿在一些研究机构里。如在圣彼得堡的东方研究所，那里不仅藏有来自圆明园和故宫的中国明清时期的大量文物珍品，而且还藏有非常珍贵的敦煌遗书12000件。藏该书数量仅次于中国本土的20000件，位居世界第二。

敦煌遗书（东汉—元代，现藏俄罗斯科学院）

【德国】

德国各大博物馆都藏有大量的中国古代文物。有据可查的总数在 30 万件左右。其中一部分是 20 世纪初以考古为名从中国盗取的。仅以 1902—1905 年为例，4 年间德国考察队在新疆吐鲁番、库车一带共运走古物 400 箱。藏品的另一部分是参加八国联军攻占北京后掠得的。例如，德国东亚艺术博物馆的商代青铜器 —— 钺和清康熙的紫檀嵌螺钿大屏风及宝座，都是该馆的镇馆之宝。

紫檀嵌螺钿大屏风及宝座（清康熙，现藏德国东亚艺术博物馆）

【美国】

美国的中国珍贵文物藏品与其他国家不同，它们是近 30 年来才流入该国的。据美国媒体透露，近三十年流入美国的中国文物大约有 230 万件，其中 20 多万件收藏在美国各大博物馆。如波士顿美术馆设有 10 个中国文物陈列室。其中不乏雕刻、绘画、陶瓷等各种类别的稀世珍宝。在该馆的 5000 多幅中国古画中，有堪称国宝的唐代画家阎立本的代表作《历代帝王图》，唐张萱《捣练图》宋代摹本、宋徽宗《五色鹦鹉图》等。宾夕法尼亚大学博物馆藏有中国国宝石刻《昭陵六骏》中的《拳毛》和《飒露紫》。而在中国本土碑林博物馆馆藏中的《六骏》中的这两骏却只能是复制品。华盛顿弗利尔美术馆几乎半数的收藏品都是中国文物，包括书画、佛教艺术品、铜器、玉器、陶器等。旧金山亚洲艺术博物馆藏有从新石器时代到清代的陶瓷 2000 多件、玉器 1200 多件、青铜器 800 件。是迄今为止全世界收藏中国玉器最丰富的博物馆。纽约大都会艺术博物馆藏有一柄极为名贵的白玉雕成的康熙玉如意。手柄顶部铭文有"御制"两个大字。此外，芝加哥大学图书馆共藏有中国善本书近 400 种，约 14000 卷。哥伦比亚大学图书馆藏有中国家谱 15000 卷。

《五色鹦鹉图》卷（赵佶，宋代，现藏美国波士顿美术博物馆）

《历代帝王图》（阎立本，唐代，现藏美国波士顿美术博物馆）

犠觥（商代，现藏美国哈佛大学艺术博物馆）

三顾茅庐人物带盖梅瓶（元代,现藏美国波士顿美术馆）　　　凤纹卣（西周，现藏美国波士顿美术馆）

【日本】

日本 1000 余座大小博物馆，共收藏中国历代文物近 200 万件。抗日战争之前，日本就派遣各种探险队到处搜集中国文物。比如天龙山佛像的头部就是被其探险队盗走的。唐代著名的《鸿胪井碑》也是被日本探险队盗走的。我国出土的珍贵的甲骨文片，有 3 万片流失海外，其中日本就有 13000 片。八国联军侵占北京和日本侵华战争期间，日本人更是变本加厉、疯狂地掠夺中国的文物珍宝。如河南洛阳金村墓葬出土的大量铜器、古籍、宋代百善楼 200 个宋代版本的善本书被夺走。数以万计的渤海文物被盗走。被日军劫走的文物珍品，仅东京国立博物馆就藏有 9 万余件，其中的珍品、孤品数量远远超过中国国内的普通博物馆。如南宋著名画家马远《寒江独钓图》、宋代花鸟画第一名作李迪《红白芙蓉图》等稀世珍品。此外，分别存放于日本不同博物馆的有王羲之《妹至帖》、《定武兰亭序》、《十七帖》、《集王圣教序》，还有前凉时代的稀世珍品《李柏尺牍稿》。东京静嘉堂文库收藏的曜变天目茶碗，是举世无双的南宋传世孤品。还有东京博物馆收藏的南宋《潇湘卧游图》， 日本京都泉屋博物馆收藏的商代猛虎食人卣、兽面纹觥，西周楚公篆钟、匽侯旨鼎和出光美术馆收藏的元青花昭君出塞图罐，都是国宝级文物。据中国政府统计，自 1931—1945 年抗日战争结束，被日本掠夺的文化财产共 1879 箱，抢劫图书和手稿 300 万册，文物 360 万件，破坏的古迹多达 741 处。

《红白芙蓉图》
（李迪，南宋，现藏日本东京博物馆）

《寒江独钓图》
（马远，南宋，现藏日本东京博物馆）

甲骨文片（商代，现藏日本东京博物馆）

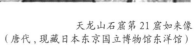

兽面纹觥
（商代，现藏日本京都泉屋博物馆）

天龙山石窟第21窟如来像
（唐代，现藏日本东京国立博物馆东洋馆）

207

【加拿大】

　　加拿大各大文物机构共藏有中国古代文物近 20 万件。仅皇家安大略博物馆就有中国藏品 35000 件。这些文物的精美程度在世界上名列前茅。这些文物中，大部分都是由加拿大传教士怀履光于 1909 年至 1934 年间，在中国河南洛阳雇人"考察挖掘"而得。据有关史料记载，怀履光在六年时间内就挖掘了 10 余座大型木椁墓，出土文物达 1 万多件。其中仅东周王室珍宝就有数千件。

古玉器（朝代不明，现藏加拿大安大略博物馆）